东南太平洋秘鲁鱿渔情预报研究

陈新军　陈　芃　著

科学出版社
北京

内 容 简 介

秘鲁鳀是分布在东南太平洋的小型中上层鱼类，是鱼粉的主要来源。秘鲁鳀渔业曾是世界上产量最大的单鱼种渔业。掌握秘鲁鳀资源渔场变化及其与海洋环境因子的关系有利于对该资源的可持续利用。本书共分6章：第1章是绪论，对海洋环境及气候变化对秘鲁鳀资源与渔场影响的研究进展进行阐述；第2章是秘鲁沿岸秘鲁鳀渔场和渔汛分析；第3章是秘鲁鳀渔场变化与海洋环境因子的关系；第4章是秘鲁上升流对秘鲁鳀渔场的影响；第5章是表层水温结构变化对秘鲁鳀渔场的影响；第6章是秘鲁鳀资源丰度分析与预测。

本书可供海洋生物、水产和渔业研究等专业的科研人员，高等院校师生及相关领域生产、管理部门的工作人员使用和阅读。

审图号：GS(2021)1606 号

图书在版编目(CIP)数据

东南太平洋秘鲁鳀渔情预报研究 / 陈新军, 陈芃著. —北京：科学出版社, 2022.10

ISBN 978-7-03-072032-0

Ⅰ.①东…　Ⅱ.①陈…②陈…　Ⅲ.①南太平洋—鳀属—渔情预报　Ⅳ.①S934.183

中国版本图书馆 CIP 数据核字（2022）第 055185 号

责任编辑：韩卫军 / 责任校对：彭　映
责任印制：罗　科 / 封面设计：墨创文化

科学出版社 出版
北京东黄城根北街16号
邮政编码：100717
http://www.sciencep.com

四川煤田地质制图印刷厂印刷
科学出版社发行　各地新华书店经销
*

2022 年 10 月第　一　版　　开本：787×1092 1/16
2022 年 10 月第一次印刷　　印张：5 1/2
字数：130 000

定价：69.00 元
（如有印装质量问题，我社负责调换）

前 言

秘鲁鳀(*Engraulis ringens*)是一种栖息于东南太平洋的小型中上层鱼类,是重要的商业性鱼类之一。掌握秘鲁鳀资源渔场变动及其与海洋环境因子的关系,有利于该资源的可持续利用。为此,本书根据秘鲁港口 2005～2014 年的渔获数据,结合海洋环境因子和港口实测渔场水温数据,科学分析秘鲁沿岸秘鲁鳀渔场的时空变动,探索渔场时空变动与海洋环境因子的关系,分析秘鲁上升流对秘鲁鳀渔场的影响机制,并开展中心渔场探索、资源丰度的年间变动分析以及资源量预报研究,为秘鲁鳀的可持续开发和利用提供技术支撑。

本节共分 6 章。第 1 章是绪论。阐述海洋环境及气候变化对秘鲁鳀资源与渔场影响的研究进展,结合文献计量分析的方法对研究存在的问题进行分析,对本研究的科学假设、研究及技术路线进行概述。第 2 章是秘鲁沿岸秘鲁鳀渔场和渔汛分析。利用秘鲁各港口秘鲁鳀渔获数据,通过对港口的渔获量、捕捞努力量(船数)和名义单位捕捞努力量渔获量进行统计,分析渔场的月间变化、中心渔场所在的南北位置及各年旺汛发生的时间及其长短。第 3 章秘鲁鳀渔场变化与海洋环境因子的关系。首先探究海洋环境因子(海面温度、海面高度和叶绿素浓度)与渔场时间变动上的规律;其次结合海面风场数据,对秘鲁沿岸的上升流进行了反演,并且结合渔场水温因子对影响秘鲁鳀渔场 CPUE 变动的机制进行了讨论;最后利用秘鲁海面温度的分布情况对渔场类型进行归类,探究不同类型渔场的渔场状况,同时寻找不同渔汛时期沿岸能够表征中心渔场的关键等温线。第 4 章是秘鲁上升流对秘鲁鳀渔场的影响。探讨捕捞努力量与上升流和水温的关系,利用 GAM 模拟环境因子与渔场 CPUE。第 5 章是表层水温结构变化对秘鲁鳀渔场的影响。通过水温结构对秘鲁鳀渔场进行划分,分析不同渔场类型与渔场指数的关系。第 6 章是秘鲁鳀资源丰度分析与预测。利用将 CPUE 标准化的方法获得资源丰度的时间变动规律,分析这些规律与厄尔尼诺现象及渔汛前后期渔场温度状况(Nino1+2 区的温度)的关系,结合渔业资源变动的基本模型,建立资源量的预报模型。

本书是国内第一本系统地对秘鲁鳀渔情预报进行研究的专著,也是应用渔业海洋学、渔情预报学等理论和方法在秘鲁鳀渔业中的具体应用。由于时间仓促,且本书覆盖内容广,国内缺乏同类的参考资料,因此书中难免存在不足之处,望读者批评和指正。

本书得到国家双一流学科(水产学)、国家远洋渔业工程技术研究中心、大洋渔业可持续开发教育部重点实验室、农业部大洋性鱿鱼资源可持续开发创新团队等专项,以及国家重点研发计划(2019YFD0901404)、国家自然科学基金项目(编号 NSFC41876141)的资助。

目　　录

第1章 绪 论

秘鲁鳀(*Engraulis ringens*)属于脊索动物门，辐鳍鱼纲，鲱形目，鳀科，鳀属，栖息于东南太平洋南美洲 4°30′～42°30′S 的西部沿岸 30n mile（1n mile=1.852km）内海域(Xu et al.，2013)。秘鲁鳀是重要的商业性鱼类之一，对秘鲁鳀的捕捞曾形成了世界上产量最大的单鱼种渔业(Fréon et al.，2008)。根据联合国粮食及农业组织(Food and Agriculture Organization of the United Nations，FAO)的渔业统计数据，秘鲁鳀的主要捕捞国家为秘鲁和智利，秘鲁为第一大产量国。由图 1-1 可知，除了 1984 年，1951～2014 年，秘鲁各年的秘鲁鳀产量均占世界总产量的 70%以上，且其产量的变动与世界总产量的变动基本一致。总体上，秘鲁鳀的产量年间差异巨大，历史上世界总产量最高的年份(1970 年)与最低的年份(1984 年)产量相差了约 1300×10⁴t。

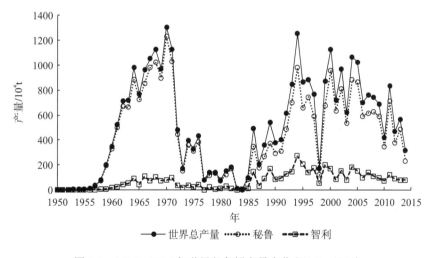

图 1-1 1950～2014 年世界秘鲁鳀产量变化(FAO，2014)

秘鲁鳀作为洪堡海流系统(Humboldt current system，HCS)的重要生态组成部分，长期以来，秘鲁鳀资源变化与海洋环境及气候变化的关系受到了许多学者的关注：诸如上升流(Bakun and Weeks，2008)、水团变化和海水溶解氧分布的变动(Bertrand et al.，2011)因素都会影响秘鲁鳀的资源变化。此外，厄尔尼诺(El Nino)现象和拉尼娜(La Nina)现象等不同的气候条件很大地影响秘鲁鳀资源量的变化(Bakun and Broad，2003)。

同时，我国是世界上最大的鱼粉进口国，秘鲁鳀鱼粉由于其优良的质量在我国进口鱼粉中所占比例较高，秘鲁鳀产量的波动直接影响鱼粉市场的状况(韦震，2015)，因此结合海洋环境分析秘鲁鳀渔场情况有助于为我国鱼粉进口企业提供技术支持。

基于以上分析,本书利用秘鲁港口多年的秘鲁鱿渔获数据,总结秘鲁鱿月间和年间渔场的时空变化以及资源变动的规律,探究栖息地环境因子及气候变化对秘鲁鱿渔场及资源的作用机制,最后建立合适的资源量预报模型。研究将为我国鱼粉进口企业把握渔业情况,进行决策分析提供依据,同时也为秘鲁鱿资源的合理开发和管理提供基础。

1.1 秘鲁鱿的栖息环境

秘鲁鱿栖息于东南太平洋,南美洲西部沿岸 30n mile 的海域(4°30′~42°30′S)。该海域存在着世界上著名的东部上升流——秘鲁上升流(该洋流又被称为洪堡海流系统)。上升流是一种典型的海洋现象,指水体从下层向表层上升运动(吴日升和李立,2003)。秘鲁上升流的形成与海域表面吹向赤道的信风、海水水柱的层化、沿岸地形和地球自转有关,其中信风是最主要的原因,信风能够使离岸的水体产生埃克曼输送(Ekman transport)和由下层至表层的水体产生埃克曼抽吸(Ekman pumping),由此产生了上升流(Halpern,2002;吴日升和李立,2003)。根据上升流的强弱及海域生产力的大小,秘鲁上升流在纬度方向上可以分成南部智利季节性(夏季)上升流(30°~40°S)、南部秘鲁和北部智利较弱上升流(18°~26°S)、北部秘鲁终年上升流(4°~16°S)三个主要区域(Chavez and Messiém,2009)。

秘鲁上升流区域的海洋要素组成十分复杂(图 1-2),在南部(45°S),洪堡海流(Humboldt current),又称秘鲁海流(Peru current),沿着东部岸界向赤道方向输送冷的亚极地表层水(sub-Antarctic surface water,SASW);SASW 从 18°S 开始与高温高盐的亚热带表层水(subtropical surface water,SSW)混合;在北部,高营养盐的上升流冷水与热带表层水(tropical surface water,TSW)延伸的赤道表层水(equatorial surface water,ESW)也形成了混合区域;与秘鲁海流方向相反,在表层循环或水团之下还存在着由赤道潜流产生的极地方向的秘鲁-智利潜流(Peru-Chile undercurrent,PUC)(Montecino and Lange,2009)。涡等中小尺度海洋现象也常在该海域中发生:Chaigneau 等(2008)发现,秘鲁钦博特(Chimbote,9°S)及15°~19°S 的沿岸附近经常有中尺度涡(约为 3 个月的时间周期)形成;Hormázabal 等(2004)发现,在中部智利(29°~39°S)沿岸至离岸 600~800km 的海域存在着与涡和水舌相关的涡动动能(eddy kinetic energy)沿岸转换带(coast transition zone,CTZ),在秘鲁沿岸(10°~15°S)和北部智利沿岸(19°~29°S)也都发现有 CTZ(Hormázabal et al.,2004;Montecino and Quiroz,2000)。

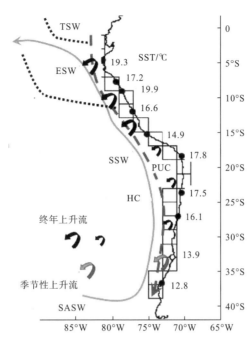

HC.洪堡海流；PUC.秘鲁–智利潜流；TSW.热带表层水；ESW.赤道表层水；SASW.亚极地表层水；
SSW.亚热带表层水；SST.沿岸长期观测平均水温

图 1-2　秘鲁上升流区域表层海洋要素状况

1.2　秘鲁上升流对秘鲁鳀资源的作用机制和特征

早在 1906 年，内桑森(Nathanson)就提出"上升流流域，一般生产力高，因而形成了优良的渔场"的论断(Chavez and Messiém，2009)。然而研究发现，对比非洲西北上升流及本格拉(Benguela)上升流，秘鲁上升流的潜在新生产力与这两个海域相差不大，卫星监测的非洲西北上升流的初级生产力比秘鲁上升流要高许多(表 1-1)，但是在这两个海域，其他商业性开发鱼类的渔业都没有形成秘鲁鳀这样单一鱼种产量最大的渔业(Messiém et al.，2009)。秘鲁上升流对秘鲁鳀资源具有以下作用机制和特征。

表 1-1　沿岸 0～150km 10 纬度范围世界四大东部上升流平均理化性质比较

	本格拉上升流	加利福尼亚上升流	非洲西北上升流	秘鲁上升流
比较纬度	28°～18°S	34°～44°N	12°～22°S	6°～16°S
潜在新生产力/(gC·m⁻²·a⁻¹)	517	323	539	566
初级生产力/(gC·m⁻²·a⁻¹)	976	479	1213	855
叶绿素浓度/(mg·m⁻³)	3.1	1.5	4.3	2.4
平均风速/(m·s⁻¹)	7.2	7.8	6.8	5.7
湍流强度/(m³·s⁻³)	444	610	371	225

1.2.1 位于低纬度的地理位置

秘鲁上升流低纬度的地理位置有利于营养盐被生物利用。秘鲁上升流到达海水表面的同时也伴随着海水的离岸埃克曼输送，若输送的速度过大或者海面风速过强，将导致海水湍流过强，不利于营养物质的聚集和生物的利用。Chavez 和 Messiém(2009)比较了世界四大东部边界上升流的湍流强度(表 1-1)，发现在四个上升流系统中，秘鲁上升流的湍流强度是最小的。Bakun 和 Weeks(2008)研究发现，海水粒子在沿岸的平均滞留时间与埃克曼层的深度和罗斯贝变形半径(Rossby radius of deformation)(可以看作沿岸栖息地的范围)成正比，与埃克曼的水流输送成反比。在低纬度的秘鲁上升流海域，埃克曼层的深度和罗斯贝变形半径比高纬度要大，赤道附近风速较小，由风产生的埃克曼水流输送速度也比高纬度小，较长的海水粒子滞留时间意味着营养物质能够富集，从而有利于秘鲁鱿及其饵料生物的聚集和利用。

1.2.2 适宜的水温结构

水温结构对秘鲁鱿资源变动有重要影响。研究表明，作为一种冷水性种类，秘鲁鱿更喜欢栖息于冷的沿岸上升流(upwelled cold coastal water，CCW)和沿岸亚热带表层水(mixed coastal-subtropical water，MCS)中，上升流形成的冷水区域为秘鲁鱿提供了适宜的栖息环境(Swartzman et al.，2008)。从气候变化的角度也可以看出水平方向上的水温结构变化对秘鲁鱿的资源变动有影响，秘鲁上升流海域也是厄尔尼诺现象直接作用的区域(Philander，1999)。当厄尔尼诺现象发生时，海面温度(sea surface temperature，SST)异常偏高使喜欢栖息于冷水区域的秘鲁鱿更靠近南部及向近岸偏移，栖息地的减少加剧了种群内部的竞争，同时也便于天敌捕食(Ñiquen and Bouchon，2004)。此外，垂直方向上的水温结构变化也会影响秘鲁鱿的资源变动，上升流使秘鲁海域的温跃层较浅。研究发现，东南太平洋秘鲁沿岸的海水营养跃层与温跃层的深度基本一致，厄尔尼诺现象会导致海域上升流变弱或消失，加大海水温跃层和营养跃层的深度，从而也减少了深海对海面营养盐的供给(Sandweiss et al.，2004)，这对秘鲁鱿的生长、成活和繁殖成功率是不利的。

1.2.3 低溶解氧

海水中的溶解氧对热带东南太平洋沿岸区域的生物群落有重要影响(Gibson and Atkinson，2003)。上升流导致的海水涌升使下层未饱和的贫氧水到达表层。Bertrand 等(2011)发现，上升流导致的低溶解氧浓度及氧气最小区域(oxygen minimum zone，OMZ)水深变浅对秘鲁鱿的资源丰度起到了有利作用，原因有以下两点：第一，研究发现秘鲁鱿对 OMZ 水深变浅的反应不是太敏感，鱼类对溶解氧的需求量与其形体大小有关(Bertrand et al.，2010），作为一种小型鱼类，秘鲁鳀对溶解氧的需求没有其他大型鱼类那么大，同时在 OMZ 附近生存有利于躲避天敌；第二，秘鲁鳀主要依靠视觉摄食大型浮游动物。研究发现，在秘鲁沿岸作为其饵料的大型浮游动物中，79%的种类都具有与 OMZ 相关的昼夜垂直移动行为，白天分布在氧跃层（oxycline）下方的 OMZ 地带，夜晚移动至表层摄食，因此浅的 OMZ 水深使饵料生物的栖息深度降低，从而加大秘鲁鳀的摄食机会（Bertrand et al.，2011）。

1.2.4　高能量传递效率的食物网

Espinoza 和 Bertrand（2008）对秘鲁鳀的胃含物进行分析，发现其中 99.52%的成分都是浮游植物，但是从食物的碳含量组成（即其主要的能量来源）来看，浮游动物占其能量来源的 98%。在这之中，大型浮游动物磷虾类（euphausiids，67.5%）和桡足类（copepods，26.3%）占了绝大部分，这表明直接利用初级生产力的浮游植物并不是支配秘鲁鳀能量供应的主要来源，大型浮游动物的变化对其资源变动有着重要的影响。Ayón 等（2008）分析了 1961～2005 年浮游动物生物量数据与秘鲁鳀渔获量的关系，发现浮游动物的资源变化与秘鲁鳀的资源波动基本保持同样的趋势。Alheit 和 Ñiquen（2004）发现，1970 年，即秘鲁鳀渔业崩溃的前两年，海域内浮游动物生物量就已经发生下降，而 1985 年开始秘鲁鳀的资源恢复也与大型桡足类资源恢复有关。因此，从食物网结构上看，秘鲁鳀与初级生产者相隔着浮游动物一个营养级却形成较高的资源丰度，这与秘鲁上升流生态系统食物网较高的能量传递效率有密切的联系（Chavez et al.，2008）。Tam 等（2008）使用模型对比了 1997～1998 年厄尔尼诺现象（上升流变弱）和 1995～1996 年拉尼娜现象（上升流增强）发生时北部秘鲁上升流生态系统的食物网能量流动情况，发现上升流变弱时生态系统的食物网结构缩小并且其内部的能量流动也减弱，上升流增强时则情况相反。综上所述，秘鲁上升流增强能够提升海域内食物网的能量传递效率。

1.2.5　复杂的海洋环境要素变化

秘鲁上升流海域受多种尺度的海洋环境要素变化的控制，如开尔文波（Kelvin wave）（Bertrand et al.，2008a）、罗斯贝波（Rossby waves）（Bakun and Weeks，2008）、恩索（El Nino and southern oscillation，ENSO）现象（Philander，1999）和数十年尺度的太平洋十年际振荡（Pacific Decadal Oscillation，PDO）（Chavez et al.，2003），此外还有空间上中小尺度的海洋要素变化。作为一种快速生长和成熟的鱼类，秘鲁鳀被认为是一种 r 选择型种类（Messiém et al.，2009），其资源能在环境利好的情况下快速恢复。

1.3　海洋环境与秘鲁鳀渔业生物学

如上所述，秘鲁上升流的变化对秘鲁鳀的摄食及分布有重要的影响。除此之外，海洋环境的变化也影响了秘鲁鳀渔业生物学的其他部分(包括种群结构、繁殖和早期生活史等)，进而影响其资源变动。

1.3.1　种群结构

根据秘鲁鳀主要的产卵区域及商业性开发的地理位置(图 1-3)(Barange et al.，2009；Castro et al.，2009)，可以将秘鲁鳀分成三个主要的种群，分别是中北秘鲁种群(North Central Peru stock，NCP，4°～15°S)、南秘鲁北智利种群(Southern Peru-Northern Chile stock，SPNC，16°～24°S)和中南智利种群(Central-Southern Chile stock，CSC，33°～42°S)。Cahuin 等(2015)分析了 1963～2004 年 NCP 和 SPNC 的渔获量、产卵群体生物量(spawning stock biomass，SSB)和补充量的时间序列，发现除了在厄尔尼诺现象发生的时间内，两个种群的波动变化显著相关。

厄尔尼诺现象对秘鲁鳀的种群结构有重要影响。Ñiquen 和 Bouchon(2004)比较了1997～1998 年厄尔尼诺现象发生前后 NCP 捕捞群体的体长组成，发现厄尔尼诺现象发生后捕捞群体体长组成较发生前偏小，未成熟的稚鱼比例增多，性腺成熟度也较往年偏低。Canales 等(2015)对智利北部海域采集的捕捞群体的体长组成进行分析，也发现了同样的结果(图 1-4)，同时结合方差分析发现，捕捞群体的平均体长($\overline{L}_i$)与 SST 呈显著的负相关关系($\overline{L}_i = 29.870 - 0.763\text{SST}$，$P = 0.041$，$R^2 = 0.243$)。

图 1-3　秘鲁鳀的种群分布

NCP.中北秘鲁种群；SPNC.南秘鲁北智利种群；CSC.中南智利种群

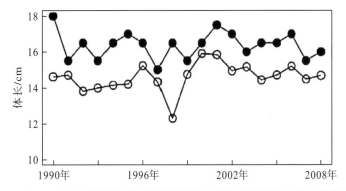

图 1-4　1990～2009 年智利北部海域捕捞群体的平均体长和最大体长的年间变化

注：图中实心黑点表示最大体长；空心圈表示平均体长

1.3.2 繁殖

秘鲁鳀在产卵时间上的繁殖策略基于对环境的权衡。在上升流强的夏季产卵，后代能够得益于高的食物密度，但是强的埃克曼输送会将暂时活动能力较弱的幼鱼输送至食物条件不利的离岸区域。此外，在春夏季，幼鱼捕食者的生物量也会增加。冬季产卵虽能够得益于近岸较弱的上升流(北部)或下降流(南部)而减少遭遇捕食者的机会并靠近岸地，但是仔稚鱼的饵料条件并不好(Parrish et al.，1981)。Cubillos 等(2001)指出，秘鲁鳀的产卵最高峰常常出现在季节转换的时期，这个时期海面风向经常发生南北转变，北风使海水向近岸输送，让幼鱼能够停留在沿岸地带，而不强的南风可以带来温和的上升流，给予幼鱼饵料。这对南部的 CSC 最为有利：例如对 1995 年 CSC 个体产卵行为的观察就发现，8 月份海面的风向由北转向南，而当年 8 月正是其主要的产卵时期(Leonardo et al.，2000)。如表 1-2 所示，总体上，南部 CSC 的个体一般在 4 月开始产卵，6 月达到顶峰，9 月前后产卵结束，而北部的 NCP 和 SPNC 的个体在全年内都会产卵，但是从季节上看，这三个种群都在冬季有着产卵高峰期。此外，Mori 等(2011)对 1986～2008 年北部种群的性腺成熟度和产卵率的研究表明，NCP 的个体会根据环境和种群密度选择一年产卵高峰次数：NCP 的年龄组成存在着不同大小的个体，大的个体全年都会产卵，而小的个体(一般是初次达到性成熟)在到达性成熟时，若是海洋环境良好(适合产卵)，在夏季可能会产生该种群的第二个产卵高峰期。Claramunt 等(2014)认为，秘鲁鳀产卵有着自己的能量储存策略(energy storage strategy)：在夏季上升流强、高生产力的情况下会为冬季的产卵储备能量。

表 1-2　秘鲁鳀产卵概况

种群	产卵时间	产卵地点
中北秘鲁种群，NCP	全年	8°～14°S 近岸
南秘鲁北智利种群，SPNC	全年	17°～23°S 近岸
中南智利种群，CSC	4～9 月	34.7°～40°S 近岸

在产卵地域的选择上，研究发现，秘鲁鳀的产卵地域并不是在稳定的水柱之内，而是在近岸海水湍流扰动较大的众多水团之间和温跃层附近，这样可以使幼体获得更多的饵料（Castro et al.，2009；Leonardo et al.，2000）。Claramunt 等（2012）使用广义加性模型研究了调查海域的产卵数量（egg number）与产卵的空间位置（经度和纬度）、SST 和叶绿素 a（chl-a）浓度的关系，研究表明：chl-a 和产卵的空间位置决定了产卵的数量，SST 并不是影响产卵数量的因素，这也进一步表明秘鲁鳀选择产卵地点是为了使幼体获得更多的饵料，温度对其产卵的影响主要还是在产卵时间和产卵频率上。

也有研究表明，温度影响秘鲁鳀胚胎的尺寸。Leal 等（2009）发现，产卵前 60～90d 环境温度对秘鲁鳀卵母细胞大小有重要的影响。有研究发现，在温度较高的低纬度（20°S）地区发现的胚胎（平均体积 $0.2mm^3$），其体积要比温度较低的高纬度（36°S）地区小（平均体积 $0.31mm^3$）。大的胚胎孵化出的个体体形较大，生长也较快，能够加大逃避捕食者和寻找食物的概率，因此孵化出大胚胎也是秘鲁鳀亲体对低温条件不利幼体生存的一种响应（Mori et al.，2011；Llanos-Rivera and Castro，2006）。

1.3.3 早期生活史

秘鲁鳀的胚胎发育、幼鱼的成活及生长受产卵地点和时间、温度及气候变化等多种因素的影响。

Soto-Mendoza 等（2012）利用基于个体的模型（individual-based model，IBM）模拟了 8～10 月中南部智利秘鲁鳀胚胎或幼鱼输送及成活情况，发现平流输送（advection，AD，指水流将秘鲁鳀胚胎或幼鱼输送至对其不利的环境，并且一定会使其死亡的情况）造成的幼鱼死亡率要比温度变化导致的幼鱼死亡率高（图 1-5），利用广义线性模型对这两个因子进行分析，发现产卵及孵化的地点和时间对这两个因子均有显著的影响：产卵地南部的胚胎或幼鱼更容易受洪堡海流的影响向北部传送，而模型的结果表明，从南部智利雷布-科拉尔（Lebu-Corral，38°～40°S）沿岸最终输送到北部 35°S 附近的胚胎或幼鱼成活率非常低（分别为 3.69% 和 0.01%）；南部区域亲鱼的产卵若发生在早春 9～10 月，风向的转变（由极向转为赤道方向）使研究区域开始存在强劲上升流，并伴随着离岸埃克曼输送，因此增加了平流输送导致的死亡率。Parada 等（2012）同样利用 IBM 模拟了中南部智利秘鲁鳀的幼鱼输送，并且与已有的资料进行对比，发现在冬季产卵生长的幼鱼其活动区域与该地区历史上的幼鱼发现区域相匹配，即使有上升流的存在，幼鱼的离岸平流输送也会被上升流在外部产生的水舌所阻挡。

温度对秘鲁鳀胚胎或幼鱼的成活影响较小。Brochier 等（2008）对北部秘鲁种群的模拟结果也发现，除非产卵的密度在一定空间范围内超过某个限度，否则温度不是制约胚胎或幼鱼成活的限制因素。但有研究发现，胚胎的孵化时间随温度的升高而降低（Chavez and Messiém，2009）。

另外，厄尔尼诺现象对秘鲁鳀胚胎和幼鱼的成活具有明显的影响。Rojas 等(2011)调查发现，在 1997～1998 年的厄尔尼诺现象发生时，秘鲁鳀的胚胎和幼鱼水平方向上朝南偏移，垂直方向上往深海移动，同时近岸的小型浮游动物增多，栖息地及饵料组成的变化导致了胚胎和幼鱼较高的死亡率。

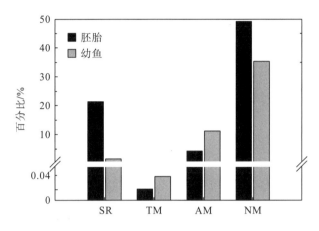

图 1-5　各因素对秘鲁鳀胚胎及幼鱼存活的影响

SR.存活率；TM.温度致死亡率；AM.平流输送死亡率；NM.其他因素导致的自然死亡率

1.4　秘鲁鳀资源变动与气候变化的关系

秘鲁鳀的资源变动和与气候相关的海洋生态系统周期性变化有着密切的联系。海洋生态系统周期性变化指一定区域内的海洋生态系统状况尤其是营养级层面上的生物组成发生的低频率周期性的高震荡转变(Collie et al., 2004)。Alheit 和 Ñiquen(2004)通过观察 1950年以后的整个秘鲁上升流生态系统的生物组成变化，发现海域内存在冷、暖两个不同的时期，冷时期(1950～1970 年和 1985 年以后)海域中秘鲁鳀占主导地位，因此又叫秘鲁鳀时期；暖时期(1970～1985 年)海域中远东拟沙丁鱼(*Sardinops sagax*)占主导地位，因此又叫沙丁鱼时期。Chavez 等(2003)观察发现，太平洋在 20 世纪 70 年代中期转变为厄尔尼诺现象多发的暖水时期，直至 1990 年以后才重新转化为冷水时期，不同时期大气和海洋的要素都明显不同，同样以东南太平洋秘鲁鳀和远东拟沙丁鱼的产量为标志，将太平洋分成秘鲁鳀时期和沙丁鱼时期两个不同的阶段。与 Alheit 和 Ñiquen(2004)研究结果不同的是，Chavez 等(2003)定义的太平洋重新恢复到秘鲁鳀时期的时间为 20 世纪 90 年代中期。此外，Oliveros-Ramos 和 Peña(2011)通过计算 1961～2009 年秘鲁鳀的补充量，根据补充量的变化指出存在三个补充量时期(图 1-6)：1961～1971 年、1972～1991 年和 1992～2009年，其中第一和第三个时期差异不显著(P=0.2271)，而中间一段时期与其前后两个时期差异极显著(P<0.01)，他们认为，Alheit 和 Ñiquen(2004)的结果未考虑 1985 年前后秘鲁鳀补充量的变化和捕捞努力量的增加，因此海洋生态系统周期性变化的时期划分应与

Chavez 等(2003)提出的结果一致。关于整个秘鲁鳀与海洋生态系统周期性变化的响应机制目前还不是很清楚，但是以上研究都指出人类活动(对秘鲁鳀以及海域其他资源的过度捕捞)对秘鲁鳀资源量的变化及生态系统的扰动是不可忽视的。

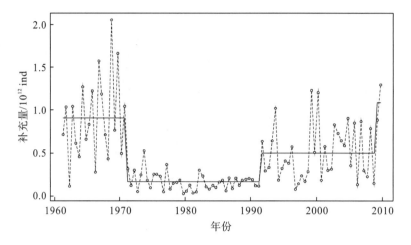

图1-6　1960～2010年秘鲁鳀的补充量(Oliveros-Ramos and Peña，2011)

从更长的时间范围上看，Guiñez 等(2014)通过分析智利北部梅希约内斯湾(Mejillones Bay)的海底沉积物，探讨历史上秘鲁鳀资源动态与环境的关系，有以下两点发现：第一，在1500～1850年的小冰川时期，厄尔尼诺现象发生的频率较高，海域内有着高溶解氧和低生产力的特征，同时伴随着长时间较低的秘鲁鳀资源丰度，在这个时间段后，海水温度降低，随着海域上升流活动变强及生产力的丰富，秘鲁鳀的资源丰度也随之变高；第二，秘鲁鳀的资源变动与25～30年一个相位的PDO有着负相关的关系。

1.5　小　　结

秘鲁鳀是r选择型种类，有着生命周期短(4年)、生长快速(孵化到成熟只需要一年)、死亡率高和对环境变化极其敏感的特点(Cubillos et al.，2002)。准确地进行秘鲁鳀资源量预报有助于资源的合理利用和科学管理，同时为我国鱼粉进口企业提供技术支撑，此外还有助于节省渔船的成本，安排合适的捕捞努力量，这也是适应负责任捕捞和渔业可持续发展的要求(陈新军等，2013)。另外，现有的研究发现，在渔情预报模型中，加入捕捞因素十分必要。Yáñez 等(2010)分析了智利北部秘鲁鳀单位捕捞努力量渔获量(catch per unit effort，CPUE)与SST、气候因子以及秘鲁鳀和远东拟沙丁鱼产量的关系，结果发现，CPUE只与捕捞当月算起7个月之前的智利安托法加斯塔(Antofagasta)港的海面温度以及前几个月的各月秘鲁鳀和远东拟沙丁鱼产量有关，其中上一个月的秘鲁鳀产量是最重要的一个因子，并基于这些因子利用神经网络模型对CPUE进行了预报。Gutiérrez-Estrada 等(2007)

结合了差分自回归移动平均（auto regressive integrated moving average，ARIMA）和神经网络方法，只需将预测月份前六个月的各月秘鲁鳀产量作为输入层即可预测当月产量。这些研究虽然很好地考虑了产量月间变化的时间自相关关系，但是只能应用在较短时间内。分析表明，秘鲁鳀资源的变动不仅简单地受年际 ENSO 现象影响，同时还受其他多种因素的作用。由于不了解秘鲁鳀与整个生态系统周期性变化的响应机制，因此预测中长期年际的资源量还很困难。另外，还有不少科学问题有待于今后进一步的研究，比如，秘鲁生态系统的冷暖时期交替之前，是否有具体的现象发生进而能预测秘鲁鳀资源的走向？1970 年秘鲁鳀产量达到历史最高之后迅速下降，这刚好与生态系统周期性变化的交替时期重叠，那么交替时期的海洋环境变化和捕捞因素如何综合作用于秘鲁鳀资源量的变化？

此外，从年间产量的变动可以看出，秘鲁鳀最主要的捕捞国家为秘鲁，其产量曲线几乎与世界总产量曲线重合（图 1-1）。但是，通过对 Web of Science 检索到的文献进行分析发现（主题词：anchoveta 或 *Engraulis ringens*；研究方向：environmental sciences ecology 或 oceanography；年份：所有年份；共检索出文献 107 篇），来自智利的作者发表的文章占比超过了总文章数的一半，高出秘鲁近 20%。对秘鲁沿岸中北部秘鲁鳀种群的渔场和海洋环境的研究，只有 Pauly（1987）在 20 世纪 80 年代汇集过前期学者的研究成果，如今海洋渔情的报告主要由秘鲁海洋研究院在每年两次捕捞季节前一至两月进行资源量调查及在捕捞当季进行渔况调查，并将调查结果发布在网上。然而目前的研究还缺乏对该区域秘鲁鳀渔场时空变化及其与海洋环境关系的规律性总结，同时对该区域秘鲁鳀渔情预报的研究也较少。秘鲁鳀渔场的时空变动存在着怎样的规律？海洋环境是如何作用于秘鲁鳀资源和渔场变动的？可否找到关键的指标对秘鲁鳀的中心渔场进行预测？如何构建秘鲁鳀资源量的预报模型？为此，本书以秘鲁沿岸秘鲁鳀中北部种群为研究对象，针对以上提出的问题进行具体分析。

第2章 秘鲁沿岸秘鲁鳀渔场及渔汛分析

秘鲁鳀是栖息于东南太平洋沿岸的小型中上层鱼类,对秘鲁鳀的捕捞曾形成了世界上产量最大的单鱼种渔业,但秘鲁鳀产量的年间差异非常大(联合国粮食及农业组织,2014)。对秘鲁鳀渔业开展可靠的渔情预报工作,可指导企业合理安排渔业生产,缩短寻找渔场的时间,减少成本、提高渔获产量(陈新军等,2013)。在渔情预报工作之前,进行渔场分布以及渔汛等渔况分析是基础,通过渔况分析,可以解决渔期(何时能捕到鱼)、渔场的位置(在哪里能捕到鱼)、鱼群的数量以及可能达到的渔获量(资源状况如何)等问题(小仓通男和竹内正一,1990)。目前秘鲁沿岸水域秘鲁鳀的渔况分析主要由秘鲁海洋研究院(Instituto del Mar del Perú, IMARPE)在其网站上不定期发布,内容主要为短时间内渔捞日志的总结及渔况调查报告,但 IMARPE 未对秘鲁鳀多年来渔场空间分布及渔汛状况进行总结及分析。为此,本书利用 2005~2014 年秘鲁各港口秘鲁鳀的渔获数据,重点分析秘鲁鳀渔场的时空分布以及渔汛状况,为后续分析渔场与环境的关系、开发合适的渔情预报模型和合理利用该资源提供基础资料。

本书关于秘鲁鳀的生产数据来自 IMARPE 网站,为 2005~2014 年秘鲁各港口渔汛期间每日出港的大型工业围网渔船的船数和渔获量。除了 2014 年以外,每年的渔汛均分为两个季度:第一季度从每年的 4 月左右开始到当年的 8 月初结束;第二季度从每年的 11 月开始到次年的 1 月结束。研究表明,秘鲁鳀主要栖息于沿岸 30n mile 50m 水深内的海域(Tarifeño et al.,2008),同时秘鲁的秘鲁鳀围网渔船都为当日出海捕捞当日回港(Arellano and Swartzman,2010),离港口不远,因此以港口的经纬度来表示渔场的位置。

由于渔场沿岸分布变化主要为南北方向上的变化,东西方向上变化不大,因此研究只分析渔场分布在纬度上的差异。渔获量(方舟等,2012)、捕捞努力量(Chen et al.,2009;陆化杰等,2013)和单位捕捞努力量渔获量的时空变化都可用来表征渔场的变化。以 1° 为单位统计每年每月份在一个纬度上的总渔获量(Catch)、总捕捞努力量(fishing effort,为船数)和名义 CPUE(单位:t·船$^{-1}$·月$^{-1}$),计算 2005~2014 年相同月份各指标的平均值和标准差,平均值反映各个月份总体的变化情况;标准差则反映年间差异,其值越大则表示年间差异越大。

采用双因素方差分析(two-way analysis of variance)方法,探究渔场分布在月份和纬度上的差异(李春喜等,2008)。分析时假设月份和纬度没有交互作用。方差分析的数据必须满足两个条件(贾俊平等,2012):第一,对应因素每一个水平的观测值均为来自正态分布总体的随机样本;第二,这些总体的方差齐性,表明在每一个月份或每一个纬度得到的指标数据组需服从正态分布且各组之间方差相等。因此结合 Q-Q 图和频率分布直方图的方法检验每一指标数据组是否服从正态分布；利用莱文(Levene)检验(Chavez and Messiém，2009)检验各指标数据组的方差是否具有齐性，若不满足这两个条件则对数据进行对数转换，最终选取满足的指标进行分析。使用最小显著差数（least significant difference，LSD）法(李春喜等，2008)对方差分析结果中显著性的指标进行多重比较，以探究不同月份和不同纬度渔场的差异，数据分析使用 SPSS 20.0 软件。

计算 2005～2014 年各汛期间旺汛开始的时间及结束的时间。旺汛期的判定方法：①首先以整个秘鲁渔场为单位，统计所有港口每日的总渔获量和总捕捞努力渔获量，进而计算每日的 $CPUE_{day}$(单位：$t \cdot 船^{-1} \cdot 天^{-1}$)，最终得到 10 年间整个渔场每日的 $CPUE_{day}$ 序列；②计算 $CPUE_{day}$ 序列的四分位数(Q1-Q3)，其中，第三分位数 Q3 表示所有数据中有 75%的 $CPUE_{day}$ 小于该值，因此以大于 Q3 的 $CPUE_{day}$ 作为高值 $CPUE_{day}$；③当高值 $CPUE_{day}$ 持续 3 日以上，则 3 日中第一日即为旺汛开始的时间；之后若持续 3 日以上未出现高值 $CPUE_{day}$，则 3 日中第一日即为旺汛结束的时间。

2.1　渔场变化分析

2.2.1　第一季度渔场分析

第一季度 3～8 月 7°～14°S 为主要的捕捞区域。总体上渔获量随月份呈现先增加后减少的趋势。其中 5 月的渔获量最高(图 2-1)，有些区域(9°～10°S、11°～12°S 和 13°～14°S)超过了 $20 \times 10^4 t$；6 月开始减少；7 月各区域的渔获量减少到 5 月的一半左右，纬度间各月的渔获量变化没有明显的规律；到了 8 月，只有在 11°～13°S 附近略有一定的产量。从标准差上看，尤其是在渔汛的前中期，渔获量的年间差异较大，例如在 4 月和 5 月 11°～12°S 和 13°～14°S，渔获量的标准差超过 $10 \times 10^4 t$。捕捞努力量的变化规律与渔获量基本相同(图 2-2)：5 月达到最大，6 月开始减少；同样在渔汛的前中期捕捞努力量的年间差异较大。CPUE 的变化状况如图 2-3 所示，月间 CPUE 在 7°～14°S 的变化并不明显，8 月以前均在 $200 t \cdot 船^{-1} \cdot 月^{-1}$ 左右波动，5 月达到最高，3～6 月 CPUE 在 13°～14°S 比其他区域要大；5°～6°S 区域的 CPUE 从 3 月开始一直增加，到 6 月达到最高，超过 $200 t \cdot 船^{-1} \cdot 月^{-1}$；16°～17°S 的 CPUE 虽然在 5 月有所下降，但是一直到 7 月其 CPUE 都很稳定，大约保持在 $100 t \cdot 船^{-1} \cdot 月^{-1}$ 的水平。在标准差上，渔汛后期 7 月的 CPUE 年间差异较大：7 月 5°～6°S、7°～8°S 和 13°～14°S 的标准差超过 $100 t \cdot 船^{-1} \cdot 月^{-1}$。

2.2.2　第二季度渔场分析

与第一季度相同，第二季度的主要捕捞区域也为 7°～14°S。总体上，渔获量随月份呈减少的趋势(图2-4),其中11月和12月7°～14°S各纬度的渔获量基本在10×10^4t左右,到了次年1月减少到5×10^4t左右,而在整个第二季度,5°～6°S和16°～18°S的渔获量较少,均不到2.5×10^4t;各月间不同区域的渔获量变化没有明显的规律。从标准差上看,11月和12月的渔获量年间差异较大,尤其是11月的9°～10°S,标准差甚至达到16.552×10^4t。捕捞努力量的变化规律与渔获量基本相同(图2-5):捕捞努力量随着月份的增加而减少,11月和12月的捕捞努力量年间差异较大。整体上,14°S以北海域,CPUE在100～200t·船$^{-1}$·月$^{-1}$;16°～17°S海域的CPUE在30～70t·船$^{-1}$·月$^{-1}$;11月北部的CPUE要略高于9°～12°S海域,但比13°～14°S海域要低;12月中部的CPUE有逐渐增高的趋势;到了次年1月,在11°～12°S的CPUE要高于其他区域,南部16°～18°S的CPUE随着月份有增高的趋势,但差异并不是很大。在标准差上,1月,CPUE的年间差异较大:除了16°～17°S,各纬度的标准差均要高于前两月;同时各月5°～6°S海域的标准差均超过了100 t·船$^{-1}$·月$^{-1}$,表现出该位置较大的年间差异(图2-6)。

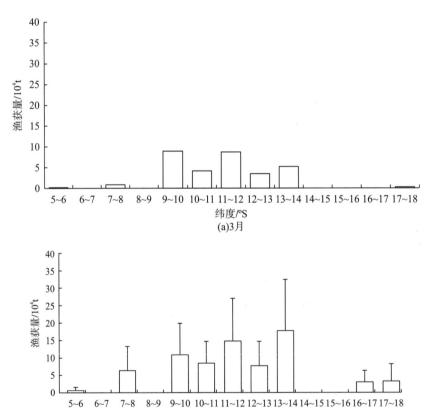

(a)3月

(b)4月

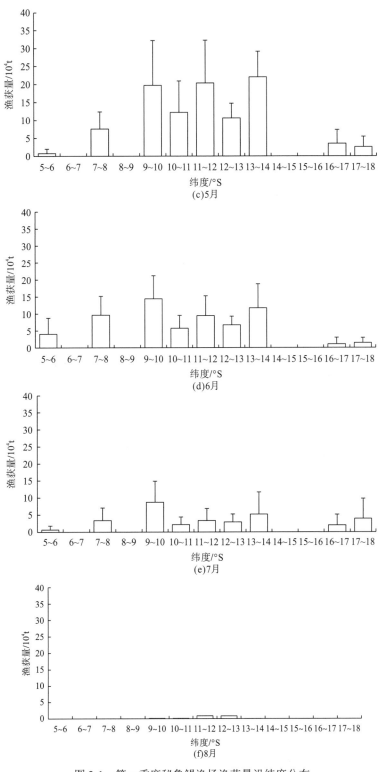

图 2-1 第一季度秘鲁鱿渔场渔获量沿纬度分布

注：图中误差线表示标准差，下同

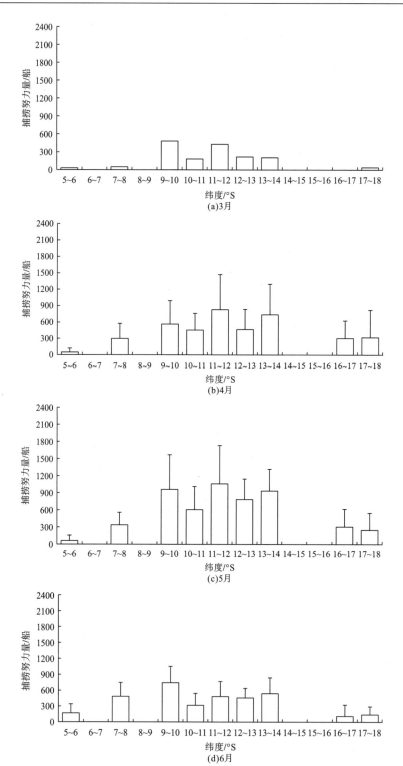

(a)3月

(b)4月

(c)5月

(d)6月

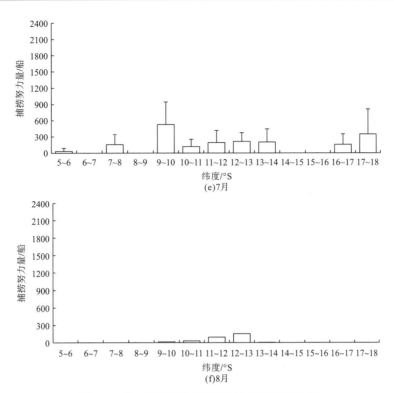

图 2-2　第一季度秘鲁鱿捕捞努力量沿纬度分布

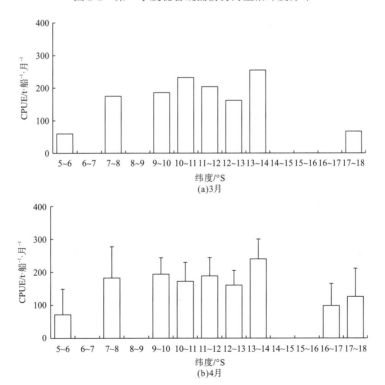

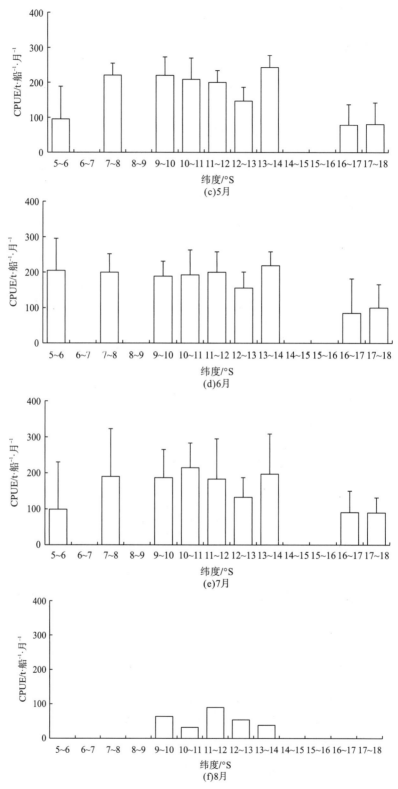

图 2-3　第一季度秘鲁鱿渔场 CPUE 沿纬度分布状况

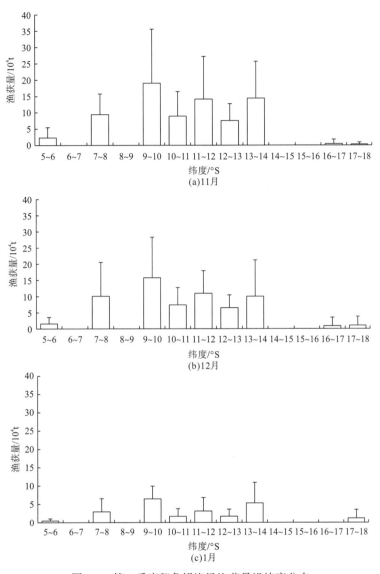

图 2-4　第二季度秘鲁鱿渔场渔获量沿纬度分布

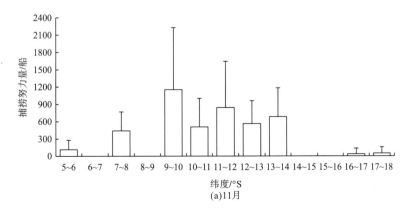

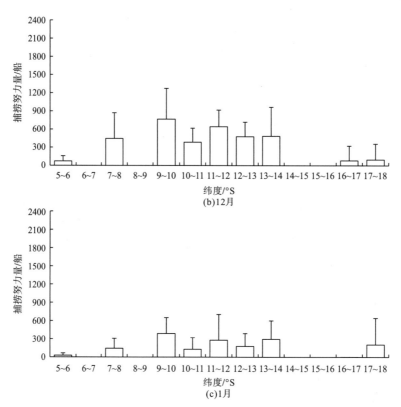

图 2-5 第二季度秘鲁鱿渔场捕捞努力量沿纬度分布

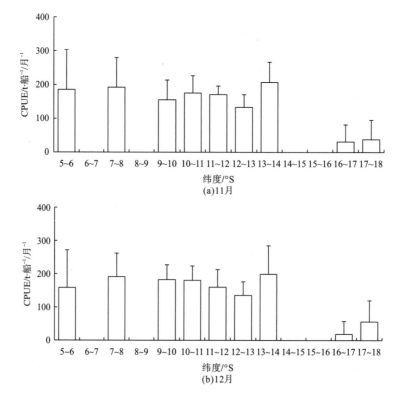

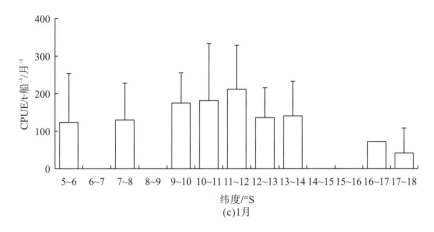

图 2-6　第二季度秘鲁鱿渔场 CPUE 沿纬度分布

本书以渔获量、捕捞努力量和名义 CPUE 为指标分析秘鲁鱿渔场渔况,虽然它们的时空变化都可以表征渔场的变化,但是渔获量和捕捞努力量主要表征渔场的分布变化,CPUE 则主要表征渔汛的特征。分析表明,每年第一季度的 4~6 月和第二季度的 11~12 月为秘鲁鱿渔场的主汛期,其中 5 月为最主要的捕捞阶段,CPUE 的月间变化并不明显,作为渔汛前期的 3 月和作为渔汛后期的 8 月和 1 月,这些月份无论是渔获量还是捕捞努力量都较小,但是均存在着一定的低值 CPUE。秘鲁鱿栖息的东南太平洋南美洲西部沿岸海域存在强劲的秘鲁上升流,其范围从 4°S 秘鲁沿岸一直延伸到 43°S 智利沿岸(Xu et al.,2013),Montecino 和 Lange(2009)研究认为,4°~16°S 与南部的其他区域相比,上升流最强,几乎为全年存在,因此这可能是主要捕捞区域月间渔场 CPUE 差异并不大的原因。分析中将十年的渔获量、捕捞努力量和 CPUE 进行统计平均,这必然掩盖了年间变化的差异,而较大的标准差值体现出这十年的显著年间变化。研究表明,秘鲁鱿栖息的东南太平洋沿岸是诸如 ENSO 现象(Philander,1999)、开尔文波(Kelvin wave)和太平洋十年际振荡(Pacific decadal Oscillation,PDO)(Chavez et al.,2003)等大尺度海洋气候变化直接作用的区域,复杂的海洋要素变化必然会影响秘鲁鱿资源的年间变化。

2.2　捕捞努力量方差分析

Levene 检验表明,在对渔获量、捕捞努力量和 CPUE 进行变换之前,方差均为非齐性($P<0.01$),因此对它们进行对数转换,最后只有捕捞努力量$[\ln(\mathrm{effort}+1)]$的结果满足方差齐性($F=1.04$,$df_1=80$,$df_2=441$,$P=0.395$)和在每一个月份或每一个纬度得到的指标数据组服从正态分布条件,因此只对对数转换后的捕捞努力量$[\ln(\mathrm{effort}+1)]$在月份及纬度上的差异进行方差分析。

方差分析表明,不同月份($F=11.680$,$df_1=8$,$df_2=505$,$P<0.01$)和不同纬度($F=35.754$,

$df_1=8$，$df_2=505$，$P<0.01$）在 $\ln(\text{effort}+1)$ 上均有极显著的差异。最小显著差数法表明（表 2-1），两个捕捞季度的差异并不明显：例如作为第一季度主要捕捞月份的 4 月和 6 月与第二季度主要捕捞月份 11 月和 12 月间差异不显著（$P>0.05$），作为渔汛前末期的几个月份（1 月、3 月、7 月和 8 月）差异也同样不显著（$P>0.05$），但是 5 月的 $\ln(\text{effort}+1)$ 极显著地大于其他月份（$P<0.01$），是一年中最主要的捕捞阶段。在纬度上（表 2-2），北部的 5°～6°S 和南部的 16°～18°S 的差异不显著，但是它们的 $\ln(\text{effort}+1)$ 极显著地比其他纬度小（$P<0.01$）；7°～14°S 各区域的差异存在不同的情况：例如 7°～8°S 与 9°～10°S、11°～12°S 和 13°～14°S 存在极显著的差异（$P<0.01$），但是与 10°～11°S 和 12°～13°S 不存在显著差异（$P>0.05$）。

表 2-1　月间捕捞努力量[$\ln(\text{effort}+1)$]差异最小显著差数法比较结果（P 值）

	1 月	3 月	4 月	5 月	6 月	7 月	8 月	11 月	12 月
1 月	1.000	0.553	0.000**	0.000**	0.000**	0.236	0.073	0.000**	0.000**
3 月		1.000	0.049*	0.002**	0.064	0.966	0.065	0.058	0.175
4 月			1.000	0.024*	0.768	0.000**	0.000**	0.832	0.181
5 月				1.000	0.006**	0.000**	0.000**	0.008**	0.000**
6 月					1.000	0.000**	0.000**	0.930	0.264
7 月						1.000	0.013*	0.000**	0.006**
8 月							1.000	0.000**	0.000**
11 月								1.000	0.228
12 月									1.000

注：*表示在 0.05 显著性水平上差异显著；**表示在 0.01 显著性水平上差异极显著

　　方差分析及最小显著差数法比较认为，7°～14°S 为主要的捕捞区域，北部的 5°S 和南部 16°～17°S 的差异不显著，与 7°～14°S 各区域都差异显著（表 2-2）。根据秘鲁鱿主要的产卵区域及商业性开发的地理位置，东南太平洋秘鲁鱿分为三个主要的种群，分别是分布在 4°～15°S 沿岸的中北秘鲁种群（NCP）、在 16°～24°S 沿岸的南秘鲁北智利种群（SPNC）和在 33°～42°S 沿岸的中南智利种群（CSC），因此在 16°～17°S 沿岸区域捕捞的可能是 SPNC 或其与 NCP 的混合群体，而 NCP 和 SPNC 在资源状况及栖息分布上可能存在差异：Cahuin 等（2015）比较了这两个种群在 1963～2004 年的渔获量、产卵群体生物量和补充量，发现 NCP 这三者的数量要明显地高于 SPNC，16°～18°S 沿岸区域与 13°S 以北的主渔区相差较远，在渔获量、捕捞努力量和 CPUE 上都明显地小于其他区域，因此可以认为 16°～18°S 沿岸为另外一个捕捞区域，今后的分析建议将该区域与其他区域分开。7°～14°S 为 NCP 最主要的分布区域，因此渔获量、捕捞努力量和 CPUE 都比其他区域要高。北部 5°～6°S 与 7°～14°S 存在差异可能是因为前者位于 NCP 的边缘，且接近于赤道。Swartzman 等（2008）发现冷的沿岸上升流（upwelled cold coastal water，CCW）和沿岸亚热带表层水(mixed coastal-subtropical water，MCS)及其混合区域为秘鲁鳀适宜分布的区域，CCW 和 MCS 主要分布于 8°S 南部，8°S 北部有来自赤道的高温低盐的表层热带水(surface tropical water，STW)和表层赤道水(surface equatorial water)的影响，对秘鲁鳀的栖息生长不利。但是从 CPUE 上看，6 月和 11 月的 CPUE 与 7°～13°S 差不多，可能是由于 6 月和 11 月分别是秘鲁海域由秋季转为冬季和由冬季转化春季的季节转换阶段，海域中存在冷暖不同水团的交汇，因此在该区域也有着较高的 CPUE。

表 2-2　纬度间捕捞努力量[ln(effort+1)]差异最小显著差数法比较结果(P 值)

	5°～6°S	7°～8°S	9°～10°S	10°～11°S	11°～12°S	12°～13°S	13°～14°S	16°～17°S	17°～18°S
5°～6°S	1.000	0.000**	0.000**	0.000**	0.000**	0.000**	0.000**	0.488	0.097
7°～8°S		1.000	0.000**	0.408	0.000**	0.008	0.001**	0.000**	0.000**
9°～10°S			1.000	0.000**	0.170	0.003**	0.023*	0.000**	0.000**
10°～11°S				1.000	0.001**	0.064	0.012*	0.000**	0.000**
11°～12°S					1.000	0.115	0.364	0.000**	0.000**
12°～13°S						1.000	0.502	0.000**	0.000**
13°～14°S							1.000	0.000**	0.000**
16°～17°S								1.000	0.332
17°～18°S									1.000

注：*表示在 0.05 显著性水平上差异显著；**表示在 0.01 显著性水平上差异极显著

2.3　旺汛期分析

分析中得到高产 CPUE$_{day}$(即 Q3)为 210.71t·船$^{-1}$·天$^{-1}$。由表 2-3 可知，2005 年第一季度到 2006 年第一季度未出现旺汛。从 2007 年开始，第一季度的旺汛一般在 5 月都会出现。2010 年 5 月 13 日至 6 月 26 日的旺汛期持续时间达 34 天，从 2012 年开始，第一季度的旺汛时间、持续天数随年份的推移而减少，到了 2014 年第一季度，未出现旺汛。除了 2014 年以外，2009 年及以后各年的第一季度均出现了多次旺汛，2008 年以前，虽然在旺汛中获得的总捕捞努力量(431～461 船)和总渔获量(88443～121980t)要明显地大于 2009～2013 年(总捕捞努力量 37～269 船，总渔获量 7887～57778t)，但是在 CPUE$_{day}$ 上前者(193.26 ～236.51t·船$^{-1}$·天$^{-1}$)要小于后者(207.10～256.42t·船$^{-1}$·天$^{-1}$)。第二季度出现旺汛的次数最多只有一次，有很多年份均未出现旺汛，除了 2013 年的旺汛在 12 月份开始外，其他年份均在 11 月份开始，但是在 2011 年的第二季度，旺汛持续了 48d，在 10 年的两个季度中是持续最久的。

表 2-3   2005~2014 年秘鲁鱿渔场旺汛时间及渔场概况

年	渔汛季度	旺汛时间(月.日)	持续天数	总捕捞努力量/船	总渔获量/t	CPUE$_{day}$/t·船$^{-1}$·天$^{-1}$
2005	1	—	—	—	—	—
2005	2	—	—	—	—	—
2006	1	—	—	—	—	—
2006	2	11.4~11.10	7	453	95994	212.23
2007	1	5.2~5.5	4	516	121980	236.51
2007	2	11.25~11.27	3	431	93732	217.35
2008	1	4.21~5.2	12	461	88443	193.26
2008	2	11.17~11.22	6	486	110225	226.74
2009	1	4.21~5.23	33	269	57778	214.41
		7.4~7.10	7	37	7887	208.11
2009	2	—	—	—	—	—
2010	1	5.13~6.26	34	178	42251	240.28
		6.19~6.26	8	112	27437	243.16
		7.1~7.3	3	77	20079	256.42
		7.15~7.19	5	37	9190	241.90
2010	2	—	—	—	—	—
2011	1	4.3~4.30	28	197	46300	235.56
		5.14~5.27	14	142	29903	207.10
		6.1~6.7	7	116	27346	231.38
		6.12~7.12	31	89	20267	238.14
2011	2	11.23~1.9	48	168	40266	242.93
2012	1	5.2~5.7	6	154	37789	243.21
		6.3~6.10	8	125	29465	236.07
		7.9~7.11	3	155	35855	241.97
2012	2	—	—	—	—	—
2013	1	5.30~6.5	7	158	39076	240.74
		6.9~6.18	10	191	46043	241.99
		7.1~7.3	3	66	15496	233.47
2013	2	12.22~1.9	19	68	16751	252.74
2014	1	—	—	—	—	—

2005~2014 年旺汛期的变化状况可以用以下两点来解释；第一，捕捞制度的变化。2008 年 6 月份之前，秘鲁鱿的渔业管理制度包括了总可捕量(total allowable catch，TAC)限制制度和禁渔期制度，TAC 限制制度下的渔船管理为个别可转让配额制度(individual transferable quota system，ITQs)(Martin，2009)，在这种制度下，配额可能为几个船队所有，为了节约经济成本，在某一个合适的旺汛期间内就会加大捕捞努力量以尽早达到配额；2008 年 6 月以后，由单船渔获量限制制度(individual vessel quota allocations，IVQs)代替

了原本的 ITQ 制度。在配额不能够转让的情况下船队增多，但是某些船队可能更多地考虑渔汛期间内渔场的状况以在有限的配额下获得更好的渔获，这就使得整体的渔获量和捕捞努力量减小，因此在 2009 年以后出现了更多的旺汛次数和旺汛时间，旺汛期内的渔获量和捕捞努力量虽然比 2009 年之前小了许多，但是 $CPUE_{day}$ 却有一定的上升(表 2-3)；第二，海洋环境年间变化的影响，如厄尔尼诺现象和拉尼娜现象。研究表明，秘鲁鳀作为一种冷水性鱼类，水温比常年偏低更适合其生存(Swartzman et al.，2008)。根据美国国家海洋大气局(NOAA)气候预报中心的定义和资料，2011 年 8 月～2012 年 3 月发生了强烈的拉尼娜现象，这对应着 2011 年的第二季度有着时间最长的旺汛(表 2-3)，而发生厄尔尼诺现象的 2006 年 1～9 月和 2009 年 7～12 月对应着当年的旺汛期则没有(2006 年)或较短(2009 年)。

2.4　小　　结

本章对渔场时间特征的研究目的是找出每年月间变化上的共性，因此没有进行 2005～2014 年总体上的年间变化分析。初步分析认为，渔场在以年为时间尺度的差异是很显著的，因此后续的研究应更多地注重渔场的年间变化及其与海洋气候环境的关系，为渔场的中长期预报打下基础。本研究在渔场空间特征上只对秘鲁沿岸的渔场渔获数据进行分析，涉及的也只是 NCP 和少量的 SPNC，而对 17°S 以南区域的智利渔场并没有进行探究，今后可以将整个东南太平洋沿岸的渔场数据结合起来，分析不同渔场在空间特征上的差异。

第3章 秘鲁鳀渔场变化与海洋环境因子的关系

第2章利用秘鲁各港口多年的秘鲁鳀渔获数据对秘鲁鳀渔场的时空变化做出了概括。这自然引申出海洋环境及其变动是如何影响秘鲁鳀渔场的问题。在当今的渔情预报工作中，海面温度（SST）、海面高度（sea surface height，SSH）和叶绿素 a（chc-a）浓度等卫星遥感数据最容易获取，并作为渔场预报的海洋环境因子，这些卫星遥感数据是否能作为秘鲁鳀渔场变动的表征指标？本章对第2章得到的网格化的渔获量、捕捞努力量和 CPUE 匹配以对应的卫星遥感数据进行描述统计和分析，探究渔场适宜的海洋环境因子范围，为研究打下初步的基础。

包括非生物与生物因素在内的外界海洋环境直接影响鱼类的集群和洄游，最终影响其资源量变化(陈新军，2004)。国内外学者对秘鲁鳀资源及渔场变化与海洋环境的关系进行了相关的研究：例如 Swartzman 等（2008）探究了不同水团及距沿岸远近对秘鲁鳀资源量变化的影响；Yáñez 等（2001）建立了智利秘鲁鳀 CPUE 与海域上升流指数和湍流系数的关系；Alheit 和 Ñiquen（2004）探讨了浮游动植物及其他鱼类资源量的变化对秘鲁鳀产量的影响，Gibson 和 Atkinson（2003）研究了海域溶解氧含量与秘鲁鳀离岸远近的关系。但是这些环境因子较难被实时监测和获取。

在当今的渔情预报工作中，利用卫星遥感数据得到海洋环境的变动情况并以此来分析渔场的变化已经有许多的应用(陈新军等，2012；汪金涛等，2014a，2014b；高峰等，2015)。但是对于秘鲁鳀渔场，海洋环境因子与秘鲁鳀渔场的时空变化规律还没有得到很好的总结，诸如海面温度、海面高度和叶绿素 a 浓度与秘鲁鳀渔场的关系如何？是否能将它们用作秘鲁鳀渔场的表征指标？研究的目的就是基于这些遥感数据和秘鲁鳀的渔业数据进行描述统计并找出其中的规律，为后续开发合适的渔情预报模型和合理利用该资源提供基础。

秘鲁鳀的生产数据来自秘鲁海洋研究院(IMARPE)网站，为 2005～2014 年秘鲁各港口(共 21 个港口，分布于 5°～18°S 沿岸)渔汛期间每日出港的大型工业围网渔船的总船数和总渔获量。秘鲁每年的渔汛一般分为两个季度：4 月至当年的 8 月为第一季度；11 月至次年的 1 月为第二季度。研究表明，秘鲁鳀主要栖息于沿岸 30n mile 50m 水深内的海域，同时渔船都为当日出海捕捞当日回港，离港口不远，因此渔场为近岸渔场，渔场的位置用港口的经纬度来表示。

海洋环境因子数据 SST、SSH 和 chl-a 均来自美国国家海洋大气局（NOAA）网站，时间分辨率均为月，空间分辨率分别为 $0.1° \times 0.1°$、$0.25° \times 0.25°$ 和 $0.05° \times 0.05°$。数据空间为 $5° \sim 18°$ S、$70° \sim 82°$ W。

(1)渔业数据与环境数据的匹配。以 $1° \times 1°$ 为单位统计每年每月在一个经纬度上的渔获量、捕捞努力量和 CPUE(计算方法为当月渔获量除以捕捞努力量，单位为 $t \cdot$ 船$^{-1}$)。对于海洋环境因子数据，在 ArcGis 10.2 中进行栅格叠加并求平均值全部转换成 $1° \times 1°$ 的空间分辨率。最后完成相同经纬度位置的渔业数据和环境数据的匹配。

(2)渔场适宜环境分析。以渔获量、捕捞努力量和 CPUE 作为秘鲁鱿渔场的表征指标。分别以 1℃、3cm 和 $1mg \cdot m^{-3}$ 为间隔按月统计渔获量和捕捞努力量与各海洋环境因子的频率分布，找出渔场适宜的海洋环境因子；同时，分别以 1℃、3cm 和 $1mg \cdot m^{-3}$ 为间隔计算 $2005 \sim 2014$ 年各海洋环境因子区间 CPUE 的平均值和标准差，以初步探究渔场的 CPUE 与海洋环境的关系。结合三个指标的分析结果，比较以渔获量、捕捞努力量和 CPUE 作为秘鲁鱿渔场表征指标的差异以及作为预报的可能性。

(3)经验累积分布函数(empirical cumulative distribution function，ECDF)。利用经验累积分布函数检验的方法对渔获量和捕捞努力量与各个环境因子的适宜关系进行检验，探索各月渔场相对不同环境因子适宜范围的显著性(陈新军和田思泉，2005；郭刚刚等，2016)。首先求得环境因子的ECDF与环境因子加权的渔获量及捕捞努力量的ECDF的差值绝对值 D，在给定的显著性水平 α 下，得到 D 的临界值 $D_{(\alpha/2)}$，当 $D < D_{(\alpha/2)}$ 时，认为环境因子与渔获量或捕捞努力量有显著关系。

3.1　渔获量和捕捞努力量与 SST 的关系

渔获量和捕捞努力量在 SST 区间的频率分布基本相同，但是不同捕捞月份秘鲁鱿渔场的 SST 有所不同(表 3-1)。第一季度：4 月和 5 月，秘鲁鱿渔场的 SST 分别为 $17 \sim 24℃$ 和 $16 \sim 25℃$，最适 SST 为 $18 \sim 21℃$，其渔获量占总渔获量的 85.62%(4 月)和 79.19%(5 月)，捕捞努力量占总捕捞努力量的 78.31%(4 月)和 79.06%(5 月)；6 月和 7 月，秘鲁鱿渔场的 SST 分别为 $15 \sim 24℃$ 和 $15 \sim 23℃$，最适 SST 变低，为 $16 \sim 20℃$，其渔获量占总渔获量的 76.55%(6 月)和 85.57%(7 月)，捕捞努力量占总捕捞努力量的 74.20%(6 月)和 85.16%(7 月)；第二季度：11 月，秘鲁鱿渔场的 SST 为 $16 \sim 22℃$，最适 SST 为 $17 \sim 20℃$，其渔获量和捕捞努力量分别占总量的 86.86%和 85.55%；12 月，秘鲁鱿渔场的 SST 为 $17 \sim 23℃$，最适 SST 为 $19 \sim 22℃$，其渔获量和捕捞努力量分别占总量的 90.51%和 88.15%；1 月，秘鲁鱿渔场的 SST 为 $19 \sim 25℃$，最适 SST 为 $19 \sim 23℃$，其渔获量和捕捞努力量分别占总量的 97.93%和 98.29%。总体上，第一季度秘鲁鱿渔场的最适 SST 随着月份变低，而第二季度秘鲁鱿渔场的最适 SST 随着月份变高。

表 3-1　各捕捞月份渔获量和捕捞努力量与 SST 的关系

SST/℃	第一季度								第二季度					
	4月		5月		6月		7月		11月		12月		1月	
	渔获量/%	捕捞努力量/%	渔获量/%	捕捞努力量/%	渔获量/%	捕捞努力量/%	渔获量/%	捕捞努力量/%	渔获量/%	捕捞努力量/%	渔获量/%	捕捞努力量/%	渔获量/%	捕捞努力量/%
15~16	0.00	0.00	0.00	0.00	2.11	1.75	0.71	0.50	0.00	0.00	0.00	0.00	0.00	0.00
16~17	0.00	0.00	1.77	1.26	18.09	17.83	22.06	19.33	5.39	6.54	0.00	0.00	0.00	0.00
17~18	2.31	1.72	9.59	8.48	18.28	16.20	25.53	28.88	42.81	42.86	0.34	0.34	0.00	0.00
18~19	17.55	11.73	26.04	22.47	26.71	26.04	27.93	26.91	30.08	29.49	7.63	8.90	0.00	0.00
19~20	39.13	38.62	23.12	23.48	13.47	14.13	10.05	10.04	13.97	13.20	27.62	24.82	22.88	16.14
20~21	28.94	27.96	30.03	33.11	7.08	6.67	6.34	5.01	7.07	7.00	51.11	50.36	18.64	15.81
21~22	9.69	16.07	4.93	5.30	8.49	11.01	7.25	9.25	0.68	0.91	11.78	12.97	28.58	29.62
22~23	2.37	3.89	4.18	5.64	1.88	2.55	0.13	0.08	0.00	0.00	1.52	2.61	27.83	36.72
23~24	0.01	0.01	0.19	0.10	3.89	3.82	0.00	0.00	0.00	0.00	0.00	0.00	1.61	1.35
24~25	0.00	0.00	0.15	0.16	0.00	0.00	0.00	0.00	0.00	0.00	0.00	0.00	0.46	0.36

3.2　渔获量和捕捞努力量与 SSH 的关系

渔获量和捕捞努力量在 SSH 上的频率分布趋势基本相同，但是不同捕捞月份秘鲁鱿渔场的 SSH 有所不同（表 3-2）。第一季度：4 月，秘鲁鱿渔场的 SSH 为 26~50cm，最适 SSH 为 32~41cm，其渔获量和捕捞努力量分别占总量的 82.44%和 80.99%；5 月，秘鲁鱿渔场的 SSH 为 26~50cm，最适 SSH 为 29~41cm，其渔获量和捕捞努力量分别占总量的 80.89%和 81.09%；6 月，秘鲁鱿渔场的 SSH 为 26~47cm，最适 SSH 为 29~41cm，其渔获量和捕捞努力量分别占总量的 77.06%和 76.34%；7 月，秘鲁鱿渔场的 SSH 为 20~47cm，最适 SSH 为 29~41cm，其渔获量和捕捞努力量分别占总量的 79.08%和 75.00%；第二季度：11 月，秘鲁鱿渔场的 SSH 为 23~44cm，最适 SSH 为 29~38cm，其渔获量和捕捞努力量分别占总量的 85.51%和 84.91%，12 月，秘鲁鱿渔场的 SSH 为 29~50cm，最适 SSH 为 29~41cm，其渔获量和捕捞努力量分别占总量的 89.21%和 89.98%；1 月，秘鲁鱿渔场的 SSH 为 29~41cm，最适 SSH 为 32~38cm，其渔获量和捕捞努力量分别占总量的 97.06%和 98.68%。可以看出，第一季度和第二季度，虽然各捕捞月份秘鲁鱿渔场的 SSH 不同，但是渔场的作业和渔获均集中在 SSH 为 29~41cm 的海域。

3.3　渔获量和捕捞努力量与 chl-a 的关系

渔获量和捕捞努力量在 chl-a 上的频率分布趋势基本相同，但是不同捕捞月份秘鲁鱿渔场的 chl-a 有所不同（表 3-3）。第一季度：4 月，秘鲁鱿渔场的 chl-a 为 0~10mg·m^{-3}，最适 chl-a 为 5~10mg·m^{-3}，其渔获量和捕捞努力量分别占总量的 66.24%和 58.70%；5 月，秘鲁鱿渔场的 chl-a 为 0~7mg·m^{-3}，最适 chl-a 为 0~5mg·m^{-3}，其渔获量和捕捞努力量分别占总量的 88.59%和 89.03%；6 月，秘鲁鱿渔场的 chl-a 为 0~6mg·m^{-3}，最适 chl-a 为 0~3mg·m^{-3}，其渔获量和捕捞努力量分别占总量的 82.39%和 84.38%；7 月，秘鲁鱿渔场的 chl-a 为 0~4mg·m^{-3}，最适 chl-a 为 0~2mg·m^{-3}，其渔获量和捕捞努力量分别占总量的 88.31%和 90.56%；第二季度：11 月，秘鲁鱿渔场的 chl-a 为 0~10mg·m^{-3}，最适 chl-a 为 1~5mg·m^{-3}，其渔获量和捕捞努力量分别占总体的 77.24%和 78.62%；12 月，秘鲁鱿渔场的 chl-a 为 0~10mg·m^{-3}，最适 chl-a 为 1~5mg·m^{-3}，其渔获量和捕捞努力量分别占总量的 71.42%和 65.05%；1 月，秘鲁鱿渔场的 chl-a 为 0~7mg·m^{-3}，最适 chl-a 为 2~5mg·m^{-3}，其渔获量和捕捞努力量分别占总量的 69.77%和 56.82%。总体上，两个季度秘鲁鱿渔场的 chl-a 随月份的变化呈逐渐缩小的趋势，最适 chl-a 的月间变化没有明显的规律。

表 3-2　各捕捞月份渔获量和捕捞努力量与 SSH 的关系

SSH/cm	第一季度								第二季度					
	4 月		5 月		6 月		7 月		11 月		12 月		1 月	
	渔获量/%	捕捞努力量%	渔获量/%	捕捞努力量%	渔获量/%	捕捞努力量%	渔获量/%	捕捞努力量%	渔获量/%	捕捞努力量%	渔获量/%	捕捞努力量%	渔获量/%	捕捞努力量%
20~23	0.00	0.00	0.00	0.00	0.00	0.00	0.83	1.91	0.00	0.00	0.00	0.00	0.00	0.00
23~26	0.00	0.00	0.00	0.00	0.00	0.00	0.00	0.00	1.27	1.42	0.00	0.00	0.00	0.00
26~29	0.78	1.44	2.62	3.41	4.44	4.96	5.51	7.03	3.00	3.89	2.93	1.98	0.00	0.00
29~32	10.23	11.80	19.11	20.95	17.43	18.17	27.69	29.44	16.87	19.36	32.94	33.37	0.09	0.03
32~35	22.31	24.03	18.70	19.95	20.52	20.63	20.42	19.85	42.08	38.92	19.41	20.15	60.49	65.65
35~38	46.69	44.40	27.35	25.05	21.01	20.30	16.02	16.16	26.56	26.63	15.06	15.00	36.57	33.03
38~41	13.44	12.56	15.73	15.14	18.10	17.24	14.95	9.55	9.25	9.05	21.80	21.46	2.85	1.29
41~44	4.82	4.49	10.27	9.11	8.00	8.15	0.83	0.53	0.97	0.73	7.62	7.83	0.00	0.00
44~47	1.42	1.04	4.26	4.14	10.50	10.55	13.75	15.53	0.00	0.00	0.00	0.00	0.00	0.00
47~50	0.31	0.24	1.96	2.25	0.00	0.00	0.00	0.00	0.00	0.00	0.24	0.21	0.00	0.00

表 3-3　各捕捞月份渔获量和捕捞努力量与 chl-a 的关系

chl-a/mg·m⁻³	第一季度								第二季度					
	4 月		5 月		6 月		7 月		11 月		12 月		1 月	
	渔获量/%	捕捞努力量/%	渔获量/%	捕捞努力量/%	渔获量/%	捕捞努力量/%	渔获量/%	捕捞努力量/%	渔获量/%	捕捞努力量/%	渔获量/%	捕捞努力量/%	渔获量/%	捕捞努力量/%
0~1	9.87	16.27	14.83	20.46	39.70	42.73	62.32	69.60	5.81	7.51	9.54	14.09	8.12	15.73
1~2	4.81	5.77	14.11	13.91	27.99	26.98	25.99	20.96	27.71	28.54	18.85	18.50	5.83	6.81
2~3	7.54	7.95	22.34	21.40	14.70	14.67	3.58	1.97	19.39	23.37	26.02	24.88	11.08	9.35
3~4	4.22	5.39	19.09	17.73	5.74	5.26	6.65	5.66	12.39	11.16	9.72	8.64	21.31	13.22
4~5	7.32	5.92	18.22	15.53	7.99	6.87	0.00	0.00	17.75	15.55	16.83	13.03	37.38	34.25
5~6	22.50	18.20	9.46	8.81	3.88	3.49	0.00	0.00	8.59	6.26	8.41	8.13	1.38	1.31
6~7	10.03	9.27	1.95	2.16	0.00	0.00	0.00	0.00	5.26	4.84	2.63	4.04	14.90	19.33
7~8	10.90	11.53	0.00	0.00	0.00	0.00	1.46	1.81	0.61	0.92	0.00	0.00	0.00	0.00
8~9	6.82	6.34	0.00	0.00	0.00	0.00	0.00	0.00	1.43	1.07	5.27	5.32	0.00	0.00
9~10	15.99	13.36	0.00	0.00	0.00	0.00	0.00	0.00	1.06	0.78	2.73	3.37	0.00	0.00

由表 3-3 本书认为，秘鲁鱿渔场最适 chl-a 的月间变化没有明显的规律。在上升流水域，一般生产力较高会形成优良的渔场，chl-a 通常也被作为反映海域初级生产力的指标，但是沿岸的卫星探测 chl-a 数据通常会受海水水体特性(如透明度)的影响，不能反映实际海水表层初级生产力的大小(官文江等，2005)。因此，虽然各月的最适 chl-a 通过了经验累积分布函数的检验，但是无法解释其中的内在规律，今后的研究应加强这一带海域初级生产力的遥感估算工作，以获得秘鲁鱿资源与初级生产力的直接关系，从而更好地进行渔场预报工作。

3.4 秘鲁鱿渔场 CPUE 分布与海洋环境因子的关系

在各海洋环境因子区间内，秘鲁鱿渔场的 CPUE 围绕 200t·船$^{-1}$ 上下波动，各月份 CPUE 随各环境因子的变动规律不明显，但是在大多数海洋环境因子区间内，十年间的标准差特别大，基本上都大于 CPUE 的平均值(图 3-1、图 3-2 和图 3-3)。

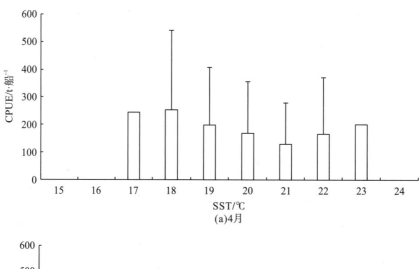

(a)4月

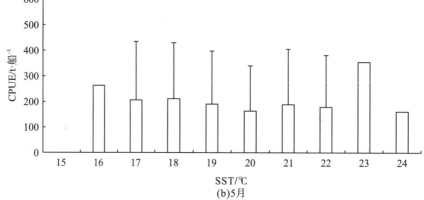

(b)5月

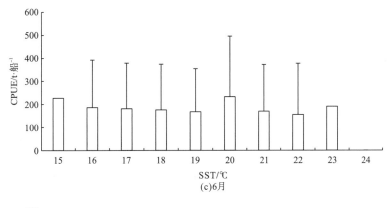

(c)6月

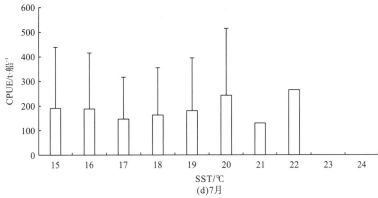

(d)7月

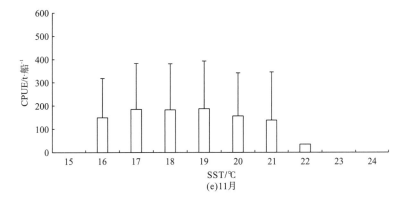

(e)11月

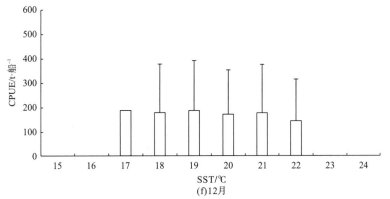

(f)12月

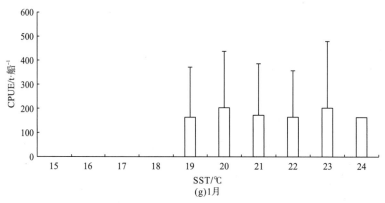

(g)1月

图 3-1　各捕捞月份秘鲁鱿渔场 CPUE 分布与 SST 的关系

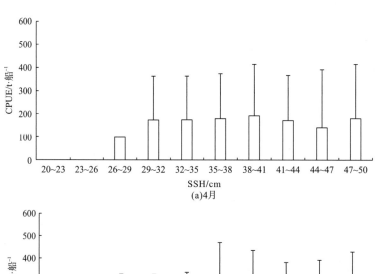

(a)4月

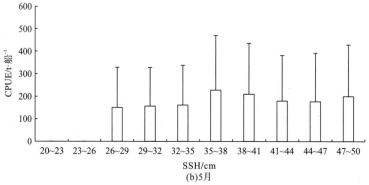

(b)5月

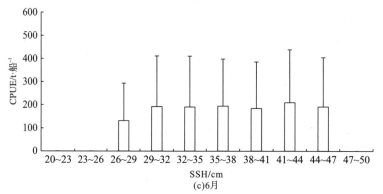

(c)6月

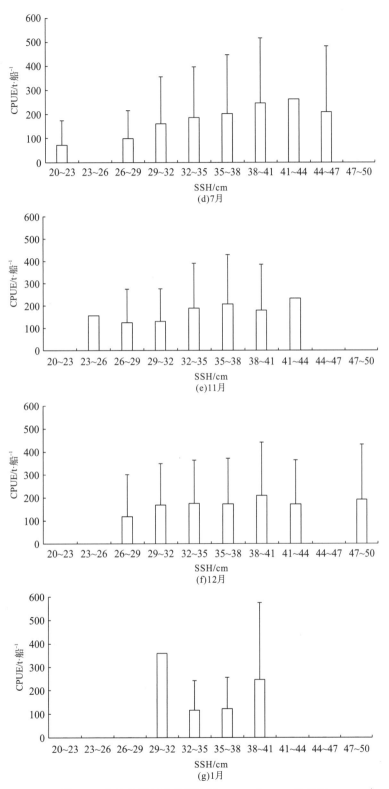

图 3-2　各捕捞月份秘鲁鱿渔场 CPUE 与 SSH 的关系

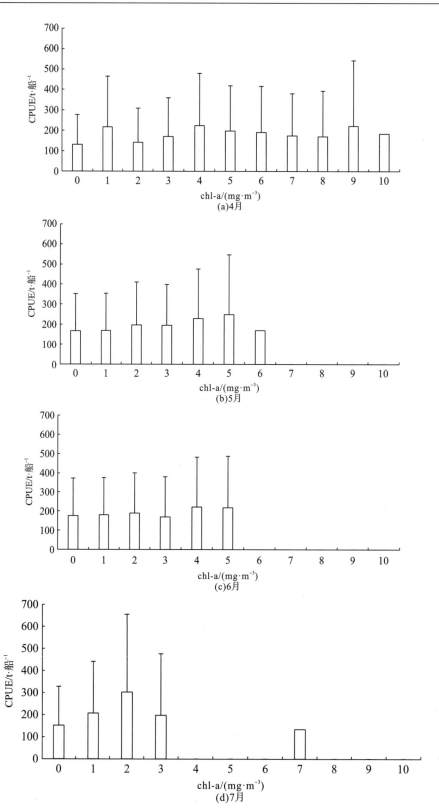

(a)4月

(b)5月

(c)6月

(d)7月

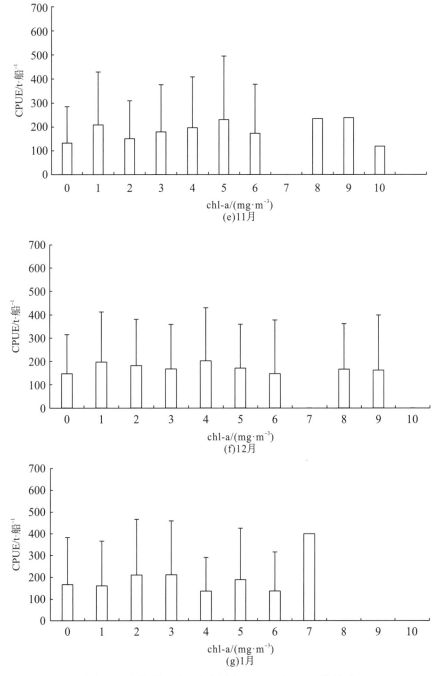

图 3-3 各捕捞月份秘鲁鱿渔场 CPUE 与 chl-a 的关系

3.5 海洋环境因子适宜范围经验累积分布函数检验

经验累积分布函数结果表明(表 3-4):在给定显著性水平 α=0.1 时,对于 SST,求得 D 均不大于 $D_{(\alpha/2)}$,这说明 4 月(18~21℃)、5 月(18~21℃)、6~7 月(16~20℃)、11 月

（17～19℃）、12 月（19～22℃）和 1 月（17～19℃）的最适 SST 可作为探测各月秘鲁鱿渔场
的指标；对于 SSH，除了 1 月，其余月份求得 D 均小于 $D_{(\alpha/2)}$，这说明 4 月（32～41cm）、
5 月（26～50cm）、6 月（26～47cm）、7 月（29～41cm）、11 月（29～38cm）和 12 月（29～41cm）
的最适 SSH 可作为探测各月秘鲁鱿渔场的指标；对于 chl-a，求得 D 均小于 $D_{(\alpha/2)}$，这说
明 4 月（5～10mg·m^{-3}）、5 月（0～5mg·m^{-3}）、6～7 月（0～6mg·m^{-3}）、11 月（0～2mg·m^{-3}）、
12 月（1～5mg·m^{-3}）和 1 月（2～5mg·m^{-3}）的最适 chl-a 可作为探测各月秘鲁鱿渔场的指标。

表 3-4 各捕捞月份渔场海洋环境因子适宜范围经验累积分布函数检验结果（显著性水平 $\alpha=0.1$）

| 月份 | SST | | | | SSH | | | | chl-a | | | |
| | 渔获量 | | 捕捞努力量 | | 渔获量 | | 捕捞努力量 | | 渔获量 | | 捕捞努力量 | |
	D	$D_{(\alpha/2)}$	D	$D_{(\alpha/2)}$	D	$D_{(\alpha/2)}$	D	$D_{(\alpha/2)}$	D	$D_{(\alpha/2)}$	D	$D_{(\alpha/2)}$
4 月	0.32	0.50	0.29	0.32	0.26	0.43	0.27	0.42	0.24	0.64	0.18	0.88
5 月	0.28	0.37	0.25	0.49	0.27	0.41	0.27	0.39	0.22	0.73	0.21	0.76
6 月	0.18	0.89	0.18	0.85	0.21	0.71	0.22	0.69	0.26	0.52	0.29	0.39
7 月	0.23	0.59	0.23	0.58	0.25	0.48	0.22	0.67	0.37	0.54	0.38	0.41
11 月	0.28	0.34	0.29	0.33	0.31	0.36	0.29	0.32	0.18	0.91	0.20	0.81
12 月	0.32	0.32	0.30	0.49	0.25	0.50	0.27	0.38	0.21	0.75	0.17	0.93
1 月	0.36	0.41	0.35	0.43	0.44	0.03	0.46	0.12	0.20	0.81	0.18	0.89

3.6 小   结

本章以秘鲁鱿的渔获量和捕捞努力量为指标，探究了秘鲁鱿渔场变动及其与海洋环境
因子的关系。研究结果表明，在各个捕捞月份渔场适宜海洋环境因子的范围不同，然而研
究从名义 CPUE 与海洋环境因子的关系分析中没有看到明显的规律。这可能有以下几个原
因。①CPUE 被认为是海域内鱼类资源丰度的一个指标（Bertrand et al.，2002），而以当月
渔获量除以捕捞努力量得到的 CPUE 为名义 CPUE，它会受渔船类型、捕捞技术以及其他
环境因素的影响（Chen et al.，2010），不能反映实际的资源丰度，因此使用名义 CPUE 分
析其变化得到的结果很可能会不规则，而渔获量或捕捞努力量则可当作渔场出现或适宜捕
捞的指标（Andrade and Garcia，1999）。Tian 等（2009）使用捕捞努力量和 CPUE 分别建立
栖息地指数模型预报西北太平洋柔鱼（*Ommatrephes bratramii*）渔场就发现，使用捕捞努力
量建立的栖息地指数模型预报渔场的效果更好。②作为有着短生命周期、生长迅速和高死
亡率特性的鱼种，秘鲁鱿对环境变化极其敏感（Bertrand et al.，2008a），因此其资源丰度
的年间差异特别大，这从 CPUE 与各海洋环境因子大部分区间上有着较大的标准差就能看
出（图 3-1、图 3-2 和图 3-3）。已有的研究表明，厄尔尼诺现象等气候变化以及其他环境因
子强烈地影响了秘鲁鱿的资源变动（Bakun and Broad，2003），不同气候类型的年份（例如
厄尔尼诺现象和拉尼娜现象年份）渔场的状况可能也会不同。因此今后的研究应该注重秘

鲁鱿渔场的年间差异，增大研究年份的范围，按不同的类型进行归类分析或是进行适当的CPUE 标准化研究，以期更深入地了解渔场变化的机制。

　　总体上，秘鲁鱿渔场主要分布在 SST 为 15～25℃ 的海域(表 3-1)，这与 Gutiérrez 等(2007)报道的秘鲁鱿的适宜海水温度范围基本一致。第一季度秘鲁鱿渔场的最适宜 SST 随月份的推移而逐渐减少，而第二季度则相反。这主要因为秘鲁鱿属于冷水性鱼类，4～7月作业渔场由秋季逐渐转变为冬季，渔场水温(SST)由高变低，相应的渔场适宜 SST 朝温度低的一端偏移，而第二季度 11 月至次年 1 月，作业渔场季节由春季转变为夏季，情况相反。

　　分析表明，秘鲁鱿渔场的 SSH 均在 20～50cm 的海域内(表 3-2)，SSH 增大表示了海水的辐合和涌升(张炜和张健，2008)，而秘鲁沿岸海域存在着世界著名的秘鲁上升流。研究表明，上升流导致的生态系统食物网高效率的能量传输(Tam et al.，2008)和表层海域低溶解氧等原因是秘鲁鱿资源丰富的关键。虽然经验累积分布函数检验结果表明 1 月 SSH 的适宜范围不能作为探测秘鲁鱿渔场的指标，但是可以看到 1 月的作业渔场完全分布于 SSH 为 29～41cm 的区域(表 3-4)，因此总的来说，渔场 SSH 的适宜范围为 29～41cm (表 3-2)。SSH 低于 29cm，上升流较弱导致渔获量和捕捞努力量较少，高于 41cm 的情况也同样如此，这可能因为强的上升流同时伴随着较强的海水离岸输送，所以营养盐不易聚集，影响了秘鲁鱿饵料生物的利用，进而导致秘鲁鱿资源量发生变化。

　　本章探究了不同捕捞月份秘鲁沿岸秘鲁渔场的适宜海洋环境因子范围，这些环境因子范围可以为今后的秘鲁鱿渔场预报提供依据，但研究还存在着以下几点不足：第一，可以看出，仅仅是利用 SST、SSH 和 chl-a 来预报渔场是远远不够的，今后的研究应在注重秘鲁鱿渔场与它们空间上的关系(如水温水平垂直结构的变化、海域水团和涡流的情况)的同时，还应注意年际大尺度的时间变化对秘鲁鱿资源丰度的影响；第二，由于渔业数据的限制，海洋环境因子数据按照 1°×1° 进行匹配平均有可能会掩盖沿岸海域实际的变化情况，今后需加强在该海域的捕捞调查工作。

第4章　秘鲁上升流对秘鲁鳀渔场的影响

国内外学者对秘鲁鳀资源动态与环境的关系做了很多研究,其中很多研究都阐述了秘鲁鳀的栖息环境——秘鲁上升流对秘鲁鳀资源变动的作用机制,这些研究普遍认为秘鲁上升流海域的生产力较高,因此形成了良好的渔场(Bakun and Weeks,2008)。同时,也有分析表明,秘鲁上升流造成海域的适宜水温对秘鲁鳀资源有促进作用(Gutiérrez et al.,2007)。这些研究都是基于调查得到的秘鲁鳀资源量数据,而对于秘鲁鳀渔场,海域上升流和水温状况(温度及温度距平)存在着什么样的关系?对于这个问题,本章利用风场数据对秘鲁鳀渔场的上升流流速(upwelling velocity,UV)进行计算,并结合港口实测渔场温度(temperature,T)、温度距平(temperature anomaly,TA)数据及秘鲁鳀的渔获数据,以名义 CPUE 作为渔场指标,对 2005~2009 年秘鲁鳀渔场状况与海域上升流和水温状况的规律进行总结,研究旨在加深对秘鲁鳀渔场形成机制的理解。

秘鲁鳀的生产数据来自 IMARPE 网站,为 2005~2009 年秘鲁各港口第一季度渔汛期间每日出港的大型工业围网渔船的总船数及其所获得的渔获量(数据未包含每条渔船作业的具体位置)。由于捕捞管理制度(总可捕量限制制度和禁渔制度)的限制,每年的捕捞渔汛起止时间不同,同时渔汛期间也存在着未出港捕捞的时期。一般来说,4 月是捕捞的开始时间,因此以 4 月 1 日所在周为捕捞的第一周,对每周总捕捞努力量(Effort)和所获得的总渔获量(Catch)进行整理。不同年份的捕捞情况如表 4-1 所示。

表 4-1　2005~2010 年第一季度渔汛时期秘鲁沿岸大型工业围网渔船出港作业时间

年份	作业时间/周
2005	2~10、13~15
2006	5~7、10~11
2007	1~3、5~7、10~11
2008	4~6
2009	4~18

2005~2009 年海面风场数据来自美国国家海洋大气局（NOAA）网站,为卫星监测的海面风应力(wind stress,τ)数据,包括风应力的大小和方向,时间分辨率均为周,空间分辨率为 0.5°×0.5°。由于秘鲁鳀主要栖息于沿岸 30n mile 50m 水深内海域,同时渔船都为当日出海捕捞当日回港,捕捞位置离港口不远,渔场为近岸渔场,因此只计算沿岸 13 个 0.5°×0.5° 网格内的上升流流速(图 4-1)。

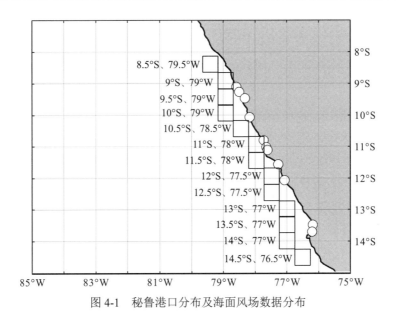

图 4-1　秘鲁港口分布及海面风场数据分布

注：图中 0.5°×0.5°矩形网格为监测海面风场数据的位置；圆圈代表港口的位置，从上至下分别是：钦博特(Chimbote)、萨曼库(Samanco)、卡斯马(Casma)、瓦尔梅(Huarmey)、苏佩(Supe)、贝格塔(Vegueta)、瓦乔(Huacho)、钱凯(Chancay)、卡亚俄(Callao)、坦博-德莫拉(Tambo de Mora)和皮斯科(Pisco)

渔场温度(T)和温度距平(TA)数据来自 IMARPE 网站，为秘鲁沿岸港口钦博特(Chimbote)、瓦乔(Huacho)、卡亚俄(Callao)和皮斯科(Pisco)的测量数据，每月发布 4 次，为每月 1～7 日、8～14 日、15～21 日和 22～28 日的平均温度和温度距平，由于周间温度和温度距平变化较小，可将它们看作每月 4 日、11 日、18 日和 25 日的数据，其他每天的数据通过线性插值的方式获得，再按实际周进行平均(图 4-2)，最后将每周四个港口平均温度和温度距平作为渔场的水温数据。

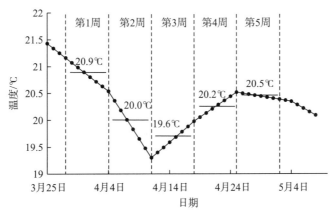

图 4-2　周水温计算示意图(以 2005 年前五周钦博特监测水温为例)

注：图中黑圆点为实际监测水温，图中数值为估计水温

　　利用渔获量(Catch)和捕捞努力量(Effort)计算 CPUE，以名义 CPUE 作为渔场指标。公式如下：

$$CPUE = \frac{Catch}{Effort}$$

式中，Effort 为一周内所有港口出港渔船的数量，Catch 为这些渔船单周的总渔获量。

　　根据上升流产生的理论，上升流可以分成由风场和岸界共同作用造成的埃克曼输送沿岸上升流以及由风应力旋转造成的埃克曼抽吸上升流(Pickett and Schwing，2006)。前者主要发生在沿岸地带，如秘鲁上升流，而后者主要发生在开阔的大洋，因此研究主要计算沿岸上升流流速。计算首先根据风应力 τ 计算单个网格内埃克曼输送的大小，根据对风应力数据的观察，所有数据的风应力走向都为与沿岸近似平行的西北走向，因此认为上升流方向的风应力全部作用于埃克曼离岸输送产生的上升流，因此埃克曼输送的公式如下(Rykaczewski and Checkley，2008)：

$$T = \frac{\tau}{\rho_w f}$$

式中，ρ_w 为海水密度，f 为科氏参数，计算公式为

$$f = 2\Omega \sin \varphi$$

式中，Ω 为地球自转角速度，φ 为纬度，北纬为正，南纬为负。由埃克曼输送得到的上升流向海面方向的垂直流速 ω 为(Rykaczewski and Checkley，2008)：

$$\omega = \frac{T}{R_d}$$

式中，R_d 为罗斯贝半径变形(Rossby radius of deformation)，R_d 根据以下经验公式计算(Chelton et al.，1998)

$$R_d = -6.89 + 1396.94 \times (8 + 0.5 \times |\varphi|)^{-1} - 2587.56 \times (8 + 0.5 \times |\varphi|)^{-2}$$

　　需要指出的是，该公式的适用范围是 $10^\circ \sim 60^\circ$S，研究中 $8.5^\circ \sim 10^\circ$S 的三个网格离 10°S 不远，因此这三个网格的 R_d 可使用该公式近似计算。

　　对计算得到的 13 个网格各周的上升流垂直流速 ω 进行平均，得到单周渔场的总体上升流流速(UV)。

　　广义加性模型(Generalized Additive Model，GAM)可以用来处理自变量和因变量的非线性关系(Guisan et al.，2002)，还可用于分析较高资源丰度的环境偏好范围(余为，2016)，在渔情预报中也同样得到广泛应用。因此研究首先将 CPUE 等于 0 的点去除，其次假设 CPUE 服从正态分布，以 CPUE 为响应变量，渔场上升流流速(UV)、温度(T)和温度距平(TA)为解释变量建立 GAM，公式如下：

$$CPUE = s(UV) + s(T) + s(TA) + \varepsilon$$

式中，s 为薄板样条平滑(plate regression spline)；ε 为误差项，$\varepsilon = \sigma^2$ 且 $E(\varepsilon) = 0$。模型的误差分布假设为高斯分布。GAM 的运算使用软件 R 3.0.3。

　　根据 GAM，利用原始环境数据得到估算的 CPUE，并与真实值比对，以此检验模型的优劣。

　　假设各年的 1～18 周均有捕捞作业，计算各周 CPUE，通过相关分析得到 2005～2009 年的第一季度周间 CPUE 变动最大的两年，以这两年为代表，具体分析渔场上升流和渔场水温状况变化对渔场的影响，以此验证上升流和水温变化对渔场的调控作用。

4.1　捕捞努力量与上升流和水温的关系

　　统计捕捞努力量在各环境因子上的分布频率可得到渔场上升流和水温的大体分布规律。结果发现：2005～2009 年渔汛期间，渔场上升流流速（UV）在 $1.42 \times 10^{-5} \sim 7.44 \times 10^{-5}\,\text{m} \cdot \text{s}^{-1}$，其中 $2 \times 10^{-5} \sim 5 \times 10^{-5}\,\text{m} \cdot \text{s}^{-1}$ 所占比例较高，占总体的 93.64%，低于或者高于这个范围的捕捞努力量分布频率较小，分别占总体的 1.77% 和 4.59%[图 4-3（a）]。渔场的温度在 16.61～19.42℃，高频水温为 17.5～19℃，占总体的 74.95%，低于 17.5℃ 和高于 19℃ 的捕捞努力量分布频率分别占总体的 19.55% 和 5.50%[图 4-3（b）]。渔场的温度距平在 -1.87～1.69℃，其中 -1.5～0.5℃ 所占比例较高，占总体的 93.43%，低于 -1.5℃ 和高于 0.5℃ 的捕捞努力量分布频率分别占总体的 4.18% 和 2.39%[图 4-3（c）]。

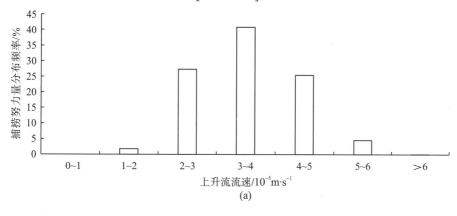

(a)

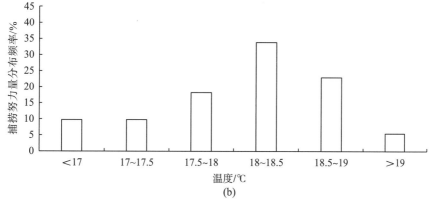

(b)

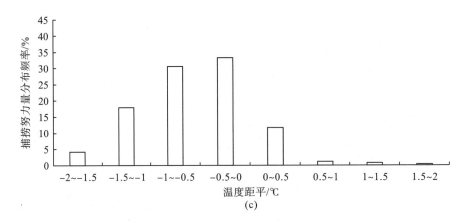

图 4-3　捕捞努力量分布频率与上升流流速和渔场水温的关系

对风场资料分析可以发现，在渔汛发生阶段，海域内的风压场都是与海岸平行的西北方向，由此造成海水的埃克曼输送继而形成沿岸风生上升流。在 2005～2009 年的第一季度捕捞渔汛阶段，海域内的上升流流速为 $1.42×10^{-5}～7.44×10^{-5}\mathrm{m·s^{-1}}$[图 4-3（a）]，根据 GAM 分析结果，上升流流速小于 $4.5×10^{-5}\mathrm{m·s^{-1}}$ 的时候，渔场的 CPUE 随上升流流速的增加而增加。这可以通过传统的上升流对渔场形成的机制进行解释（丁杰等，2015；何发祥，1988），即：上升流将深海底层的营养盐带到表层，由于海水表层透明度较高，所以浮游植物光合作用较强，浮游动物也较多，鱼类饵料丰富，由此形成了秘鲁鱿渔场。

4.2　GAM 分析结果

从直方图（图 4-4）上看，CPUE 的频率分布接近于正态分布，因此假设 CPUE 服从正态分布，利用科尔莫戈罗夫-斯米尔诺夫（Kolmogorov-Smirnov）检验进行检验（Conover，2006），零假设为 CPUE 服从正态分布，得到的 P 为 0.44，因此假设成立，CPUE 服从正态分布（μ=181.24，σ=38.368）。因此研究利用 GAM 分析数据是合理的。

整体 GAM 的决定系数 R^2 为 0.60，对 CPUE 偏差的总解释率为 67%。其中三个变量对 CPUE 的影响都是显著的（$P<0.05$）。GAM 表明，当 UV 在 $0～4.5×10^{-5}\mathrm{m·s^{-1}}$ 时，CPUE 随着 UV 的上升而缓慢上升，但是当 UV 超过 $4×10^{-5}\mathrm{m·s^{-1}}$ 后，CPUE 随 UV 的上升而下降[图 4-5（a）]；在 18.5℃之前，CPUE 随 T 的升高而升高，其中 T 在 16.5～17.5℃时 CPUE 上升缓慢，T 在 17.5～18.5℃时 CPUE 上升较快，而 19.5℃之前，CPUE 随 T 的升高而下降[图 4-5（b）]；CPUE 随 TA 的上升呈下降的趋势[图 4-5（c）]。以图 4-5 中环境因子正效应所在范围作为高值 CPUE 的适宜范围，可知各个环境因子的适宜范围：UV 为 $4×10^{-5}～4.6×10^{-5}\mathrm{m·s^{-1}}$；$T$ 为 18.4～19.5℃；TA 小于-0.2℃。

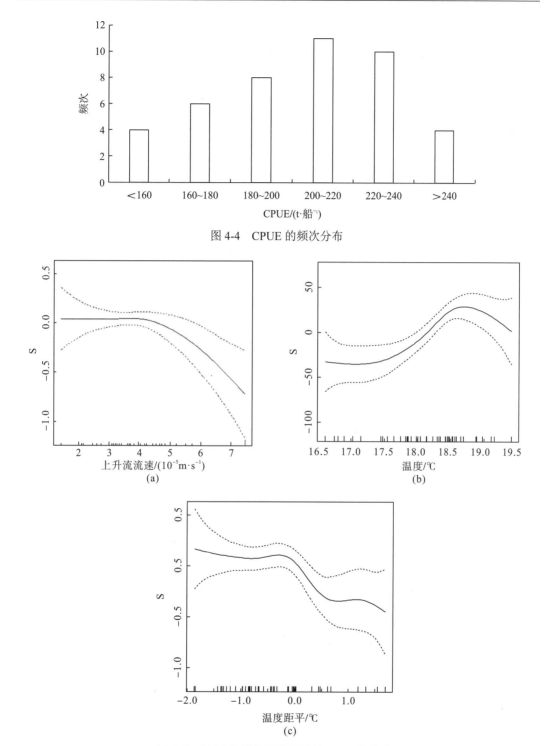

图 4-4　CPUE 的频次分布

图 4-5　GAM 估算各环境因子对 CPUE 的效应

GAM 分析表明，低的渔场温度对秘鲁鳀的资源丰度存在负影响[图 4-5(b)]，这种温度的降低有可能是上升流和季节变换导致的。但是从温度距平来看，随着温度距平的增加，渔场的 CPUE 呈下降趋势[图 4-5(c)]，这与秘鲁鱿为冷水性鱼类的生物学特性一致，水温偏低对其生存有利。具体地，Gutiérrez 等(2007)通过调查发现，尤其在拉尼娜现象发生时，低的温度距平对应了海域内秘鲁鱿较广的分布，而在温度距平高的时候，海域内的秘鲁鱿分布聚集且极靠近岸，食物空间压力会造成秘鲁鱿资源减少。对应于渔场，这样确实有可能造成秘鲁鱿捕捞效率的增加，但是实际上，在秘鲁渔场，IMARPE 在沿岸设立了 5n mile 的禁渔区，因此从总体上看，温度距平还是对渔场 CPUE 有负影响。

将 2005～2009 年的环境数据代入模型得到模拟 CPUE 与实际值进行比较发现(图 4-6)，除了 2008 年的三周，模型能够较好地模拟渔场的变动趋势。相对误差绝对值的平均值为 9.17%。

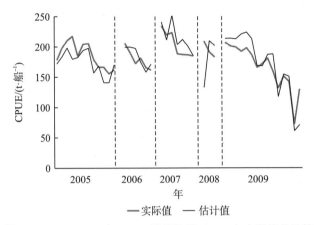

图 4-6　2005～2009 年 GAM 模拟渔场 CPUE 与实际值的比较

4.3　差异年份的比较分析

假设第一季度未开捕的时间内渔场 CPUE 和环境同样遵循模型描述的关系。同时假设第一季度的 18 周内都有捕捞作业，对 2005～2009 年的第一季度各周的渔场 CPUE 进行模拟，结果表明，在渔汛 1～3 周，CPUE 随周数的增加而增加，之后 CPUE 随周数增加呈下降的趋势(图 4-7)。相关分析表明，2005 年和 2007 年的 CPUE 序列相关系数最小(表 4-2)，因此以这两年的数据为代表，验证环境变化对渔场 CPUE 的影响。

表 4-2　2005～2009 年估计 CPUE 序列两两相关分析

	2005 年	2006 年	2007 年	2008 年	2009 年
2005 年	1.00				
2006 年	0.68	1.00			
2007 年	0.32	0.69	1.00		
2008 年	0.46	0.81	0.47	1.00	
2009 年	0.82	0.85	0.46	0.67	1.00

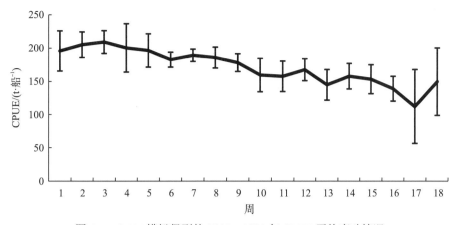

图 4-7　GAM 模拟得到的 2005～2009 年 CPUE 平均变动情况

注：图中误差线表示标准差

分析表明，上升流过高会导致渔场较低的 CPUE，温和的上升流对渔场有利，例如：2007 年的第 6 周、13 周、16 周和 2005 年的第 17 周，上升流流速大于 $5×10^{-5}$m·s^{-1}，导致了 CPUE 也下降[(图 4-8 和图 4-9(a)]；温和的上升流流速使得渔场有着较高的 CPUE，如 2007 年的 7～12 周，渔场的上升流流速基本在 $4×10^{-5}$～$5×10^{-5}$m·s^{-1}。对比 2005 年，除了 7～8 周，其上升流流速在 $3×10^{-5}$～$4×10^{-5}$m·s^{-1}，因此 9～12 周的 CPUE 就没有 2007 年高 [图 4-8 和图 4-9(a)]。水温状况的变动同样导致渔场 CPUE 的变化[图 4-8 和图 4-9(b)]，2005 年的第 5 周以后和 2007 年，随着周数推移 CPUE 总体呈下降的趋势，这与温度的下降趋势一致；同时还可以看到，2005 年第 5 周之前的温度要大于 18℃，处于 GAM 得到的最适温度范围(18.4～19.5℃)，因此渔场 CPUE 增加，而 2007 年的前 5 周水温同样大于 18℃，这也是前几周 CPUE 较高的原因。此外，这两年的温度距平基本在 GAM 得到的温度距平范围(-2～-0.2℃)[图 4-9(c)]，但是 2007 年的温度距平小于 2005 年，这可能是 2007 年总体平均 CPUE 大于 2005 年的原因(图 4-8)。综上所述，渔场上升流和水温状况共同影响了渔场 CPUE 的变动。上升流流速过高会使渔场 CPUE 偏低。

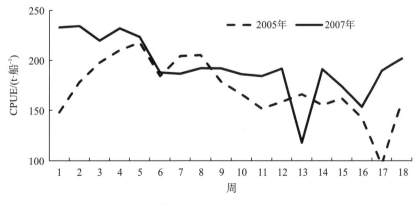

图 4-8　GAM 模拟 2005 年和 2007 年 CPUE 序列

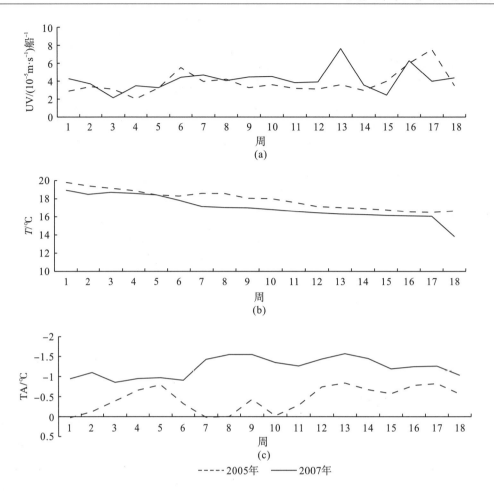

图 4-9　2005 年和 2007 年第一季度渔汛期间秘鲁沿岸上升流流速和水温状况(温度和温度距平)随周变化

　　在以往渔场与海洋环境因子的分析中，使用海面温度、海面高度等(徐冰等，2012；李纲和陈新军，2009；方学燕，2016；胡贯宇等，2015)海洋环境因子来分析渔场的例子很多。对于上升流对渔场的作用，研究者通常利用叶绿素浓度、海面高度以及海水垂直方向上的理化状况来推测海域上升流的存在(于杰等，2015；何发祥，1988)，对于实际上升流的动力过程是如何影响渔场变化的研究还很缺乏。本书根据前人对秘鲁鱿资源变动与上升流的研究结果，即上升流海域能够产生丰富的饵料、形成适宜的水温条件(Pauly，1987；Gutiérrez et al.，2007)，假设海域内上升流的这些变化以及水温状况的不同能够带来渔场的变化，并以流速为上升流的指标，定量地分析上升流流速及水温对渔场的影响。

　　但是，GAM 分析也表明在上升流流速比 $4.5×10^{-5}m·s^{-1}$ 更高时，渔场的 CPUE 开始下降[图 4-5(a)]；对比 2005 年和 2007 年模拟的 CPUE 序列与渔场上升流流速也发现，上升流流速过高会使渔场 CPUE 偏低[图 4-8 和图 4-9(a)]。研究中利用的渔场指标为名义CPUE，它的变化受渔汛期间鱼类本身的资源丰度、捕捞因素以及这两点与环境的共同作用(官文江等，2014)。从资源与环境关系的角度看，国内外针对强劲的秘鲁上升流使秘鲁鱿资源丰度减少提出了两种机制,这两种机制或许可以部分解释渔场变化与上升流的关系。

第一种机制为对流输送。沿岸上升流伴随着埃克曼离岸输送(陈芃等,2016),作为秘鲁鱿饵料的小型浮游动植物也会随这种输送传送至上升流和外海暖水交界的离岸锋区。但是,秘鲁鱿为生活在近岸的鱼类,近岸水域是其适宜栖息地(Bakun et al.,2015),有研究发现鱿属鱼类洄游和游泳的能力都较弱,即秘鲁鱿较不易迁徙至外海寻找食物(Bakun,2014)。此外,根据 Chavez 和 Messiém(2009)的研究,秘鲁外海一般为大于 20℃的暖水,然而 Muck 和 Sanchez(1987)报道的秘鲁鱿适宜栖息温度为 15～20℃,本书得到的渔场适宜温度也能够佐证这一点[图 4-5(b)]。那么即使秘鲁鱿能够移动至锋区,海水中 20℃以上暖水的出现就会对秘鲁鱿不利。

第二种机制为适宜窗口理论。Cury 和 Roy(1989)对秘鲁鱿等多种鱼类上升流区域的补充成功率进行分析,发现上升流强度与补充成功率关系呈倒抛物线形,即上升流强度小,鱼类的食物条件受到限制,但是上升流强度大的时候,同样会对补充成功率限制。对于秘鲁鱿,Cury 和 Roy(1989)检验了海水湍流强度与秘鲁鱿补充成功率的关系,发现补充成功率在湍流(Turbulence)为 200m^3·s^{-1}[换算到风速为 5～6m·s^{-1},根据文献(何青青,2015)的公式计算风应力得到图 4-1 中 13 个点的平均上升流流速为 2.22×10^{-5}～3.20×10^{-5}m·s^{-1}]的时候最大,在这之后补充成功率减少。早前 Peterman 和 Bradford(1987)也检验过北方鱿鱼(*Engraulis mordax*)的幼鱼死亡率与风速的关系,发现风速越高幼鱼死亡率越高。因此不考虑上升流因素,Bakun 等(2015)对影响上升流的海面风场与表层海洋生态系统的关系做出了解释:海面风速过高会造成海水的湍流混合加大、水柱混合加深以及海水浑浊度增加(光的限制),使得海水表层区域含较多营养盐,但是浮游植物不能够较好地利用,实际上减少了浮游植物的生物量,最终通过食物链传递必然导致秘鲁鱿补充量减少。将这些类比于本研究的对象——秘鲁鱿成鱼,上升流流速过大代表了高的风速同样也会限制海域的食物条件,最终减少秘鲁鱿成鱼的资源丰度。

但是对比发现,补充成功率适宜的平均上升流流速要比渔场适宜的上升流流速小,这可以通过以下两点解释:①从摄食生态的角度来看,秘鲁鱿成鱼比幼鱼有更多的接触食物的机会,食物的种类也多(Muck et al.,1989);②将秘鲁鱿成鱼和幼鱼进行对比存在一个错误假设,即湍流对成鱼的影响完全和幼鱼一样作用在它的资源丰度上,同时以名义 CPUE 当作成鱼资源丰度的指标。然而,湍流还有可能造成捕捞效率变化。例如,光的限制导致浮游植物需要在更浅的水层进行光合作用,此外上升流强度加大还会造成海水溶解氧最小层的上升,这些都使秘鲁鱿能够栖息于更浅的水层(Morales et al.,1996),使渔具接触秘鲁鱿的机会增大,因此导致适宜渔场的上升流流速比实际鱼类适宜的上升流流速大。

4.4 小　　结

　　本章通过对秘鲁鱿上升流流速的反演并结合水温因素探究了上升流对渔场的影响,研究表明,秘鲁鱿渔场的形成是适宜的海面风速和上升流流速以及上升流造成的适宜温度的共同作用。研究同时建立了渔场 CPUE 的估算公式,由于使用的是名义 CPUE,因此这个公式只能反映 2005～2009 年秘鲁鱿渔场 CPUE 的变化,并不能对渔场进行预报。本研究还只是简单的描述统计分析。海面风场、上升流及它们带来的一系列海洋生态动力学的变化是如何影响渔汛阶段秘鲁鱿资源丰度变动的? 又是如何影响渔场中渔船的捕捞效率? 其中哪一个过程影响的效应最大? 这些问题都有待于进一步的探究。

第5章　表层水温结构变化对秘鲁鳀渔场的影响

在前面的分析中,单一地使用名义 CPUE 和捕捞努力量进行渔场与环境的分析存在以下不足。①研究选取单个因子分析是因为根据渔场的定义,渔场必须满足较高的渔业资源丰度和较好的作业可行性这两个特性。这两个指标可以用 CPUE 和捕捞努力量(本研究为船数)或渔获量来表示(Chen et al.,2010)。但是在研究中,进行网格化或者是对较大的渔场范围进行分析会出现以下两种情况:CPUE 很高但是捕捞努力量较低,这可能是由于海况条件不好,不利于作业,因此海域不具有良好的作业可行性;捕捞努力量很高但是 CPUE 较低,这种情况可能为虽然海域资源不好,但渔民或船队为了收回成本或者完成捕捞计划聚集在某个区域从事捕捞作业。②研究利用的是由港口的渔获数据(每日出港的船数及所获得的渔获量)得到的名义 CPUE 和名义捕捞努力量,由于缺乏具体的船型和捕捞位置的数据,不好进行标准化,这也会为研究带来偏差。③近海海况通常很复杂,在一个很小的经纬度网格或很短的时间内都有可能存在不同的海洋环境状况。因此按照传统方法对一个网格中的海洋环境因子进行平均很可能掩盖海洋环境的这些变化。

针对问题①和②,我们知道,虽然名义 CPUE 或者名义捕捞努力量表征渔场存在一定的偏差,但是它们都一定程度上反映了作业海域的资源丰度和作业可行性。一般来说好的渔场与其中的 CPUE 和捕捞努力量呈正相关的关系。因此,对于前面出现的 CPUE 很高但是捕捞努力量很低或者捕捞努力量很高但 CPUE 很低的问题,可以结合 CPUE 和捕捞努力量构造新的因子更精确地反映渔场情况。本章引入渔场指数的概念表征渔场的好坏。公式如下:

$$FGI = \sqrt{\frac{\left(\dfrac{CPUE}{CPUE_{max}}\right)^2 + \left(\dfrac{Effort}{Effort_{max}}\right)^2}{2}}$$

(5-1)

式中,FGI 为渔场指数,Effort 和 CPUE 为一段时间内某个捕捞区域内所有港口的总出港船数和单位捕捞努力量渔获量(总渔获量除以总出港船数),$CPUE_{max}$ 和 $Effort_{max}$ 为当年 CPUE 和 Effort 的最大值。渔场指数用来表示名义 CPUE 与资源丰度的关系以及名义捕捞努力量(船数的总和)与作业渔场可行性的关系。渔场指数的值在 0~1,其值越接近 1 表示渔场情况越好。

针对问题③,拟使用的解决方法如下:(a)进行渔场的重新划分。从渔获数据可以看出,各年从港口钦博特(Chimbote,9°06′S,78°35′W)向南至皮斯科(Pisco,13°42′S,76°13′W)出港渔船的秘鲁鳀渔获量占秘鲁总渔获量的 75% 以上;同时,秘鲁鳀主要栖息于沿岸 30n mile

50m 水深内的海域，渔船都为当日出海捕捞，当日回港，捕捞位置离港口不远，渔场为近岸渔场；此外，前面第 2 章得到的秘鲁 7°～14°S 沿岸为最主要的捕捞区域的结论。因此在本章后两节的研究中对渔场做出了以下划分：从 8.5°S 向南每隔 2° 划分捕捞区域，分成北部(8.5°～10.5°S)、中部(10.5°～12.5°S)和南部(12.5°～14.5°S)三个捕捞区域，这三个区域包含了钦博特至皮斯科所有的港口，同时也是最主要的捕捞区域(图 5-1)。(b) 利用遥感获得的海洋环境数据，做出这三个捕捞区域沿岸的海洋环境因子结构图(如水温结构图)，根据不同的海洋环境因子结构归纳渔场类型及海况条件，分析这些因素对渔场的影响。

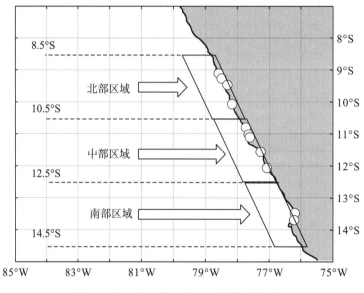

图 5-1　秘鲁沿岸港口分布及捕捞区域划分

注：圆圈代表港口的位置，从上至下分别是：钦博特(Chimbote)、萨曼库(Samanco)、卡斯马(Casma)、瓦尔梅(Huarmey)、苏佩(Supe)、贝格塔(Vegueta)、瓦乔(Huacho)、钱凯(Chancay)、卡亚俄(Callao)、坦博-德莫拉(Tambo de Mora)和皮斯科(Pisco)

　　海面温度作为最易获取的海洋环境因子，监测技术也最为成熟，已在诸多渔场分析中得到成功应用(官文江等，2007；余为和陈新军，2015；陈芃和陈新军，2016)。目前在秘鲁沿岸水温状况与秘鲁鱿的渔场分析方面，海洋环境因子主要来自秘鲁海洋研究院在其网站上发布短期的渔场总结报告，其中表层水温与渔场的关系主要依靠于历史的经验总结为主，并没有具体量化的研究。对于秘鲁鱿渔场，沿岸表层水温结构变化是如何影响其渔场变动的？可否找出关键的等温线作为中心渔场的指标？因此研究的科学假设为沿岸表层水温结构的变化与渔场的变动存在一定的规律。根据 2005～2014 年第一季度秘鲁沿岸秘鲁鱿最主要捕捞区域(钦博特向南至皮斯科沿岸所有的港口)的渔获数据和海面温度数据，分析表层水温结构变化对东南太平洋秘鲁鱿渔场的影响机制。

　　秘鲁鱿的生产数据来自秘鲁海洋研究院网站，为 2005～2014 年秘鲁各港口渔汛期间

(4～8 月)每日出港的大型工业围网渔船的总船数及其渔获量(数据未包含每条渔船作业的具体位置)。SST 数据来自美国国家海洋大气局（NOAA）网站,时间分辨率均为周,空间分辨率分别为 0.1°×0.1°。空间为 7°～15°S、75°～85°W。

渔汛阶段的划分为:以每年 4 月 1 日所在周数为第一周,渔汛总共可以持续 18～19 周。研究同时探究渔场时间上的差异:以 1～6 周为渔汛前期;7～12 周为渔汛中期;13～19 周为渔汛末期,分析各时期的渔场变化。

使用方差分析评价渔场时间和空间上的差异性,即验证了渔汛阶段和捕捞区域划分的可行性。在使用方差分析之前,利用 Levene 检验判断渔场指标的方差是否齐性(Brown and Forsythe,1974)。使用最小显著差数(least significant difference,LSD)法对方差分析结果进行多重比较,探究不同捕捞区域和不同渔汛阶段间的差异。数据分析使用 SPSS 20.0。

利用 ArcGis 10.2 作沿岸水温结构图,等温线插值使用 ArcGis 10.2 中的 Contour 工具。观察并描述沿岸等温线分布情况,以水温结构不同归纳不同海况类型的渔场。使用 t 检验探究不同类型渔场间渔场指数的差异性。

可以看出,渔场指数与前人的栖息地指数对渔场的研究类似,因此参照前人的研究(金岳和陈新军,2014),将渔场指数大于 0.6 作为中心渔场的指标,对比中心渔场和等温线出现情况的关系,寻找能代表中心渔场的关键等温线。

5.1　渔场时空差异分析

Levene 检验表明,渔场指数方差是齐性的(F=1.57,df1=8,df2=290,P=0.13),因此可以进行方差分析。方差分析表明渔场指数在不同渔汛阶段(F=1273.97,df1=3,df2=294,P<0.01)和不同捕捞区域(F=50.26,df1=2,df2=294,P<0.01)都有极显著的差异。最小显著差异法比较表明(表 5-1):时间上,渔汛前期的渔场指数要极显著地高于中期和后期(P<0.01),同时渔汛中期阶段的渔场指数也要极显著地高于后期(P<0.01);空间上,北部区域的渔场指数要显著(P<0.05)和极显著(P<0.01)地低于中部和南部区域,而中部区域的渔场指数也显著地低于南部区域(P<0.05),这同时也验证了捕捞区域和渔汛阶段划分的可行性。从图 5-2 也可以看出:在时间上,三个区域随着时间的推移,渔场指数都在变小;在空间上,除了末期中部区域的渔场指数稍小于北部以外,各渔汛阶段北部渔场的渔场指数要低于中部和南部区域,而渔汛前期和中期中部区域和南部区域的渔场指数基本相等,到了渔汛末期南部区域的渔场指数要大于中部区域。

表 5-1 不同渔汛阶段和不同区域间秘鲁鱿渔场指数最小显著差异法比较

	I	J	均值差(I-J)	标准误差	P
不同渔汛阶段比较	前期	中期	0.091**	0.026	<0.01
		末期	0.273**	0.028	<0.01
	中期	前期	-0.091*	0.026	<0.01
		末期	0.182**	0.024	<0.01
	末期	前期	-0.274**	0.028	<0.01
		中期	-0.182**	0.024	<0.01
不同捕捞区域比较	北部	中部	-0.052*	0.025	0.04
		南部	-0.108**	0.026	<0.01
	中部	北部	0.052*	0.025	0.04
		南部	-0.056*	0.026	0.03
	南部	北部	0.108**	0.026	<0.01
		中部	0.056*	0.026	0.03

注：*表示在 0.05 显著性水平上差异显著；**表示在 0.01 显著性水平上差异极显著

5.2 秘鲁鱿渔场类型划分

正常情况下[图 5-2(a)]，秘鲁沿岸水温由近岸向外海升高。以 20℃等温线为冷暖区域的边界，可以看出，外海是广阔的暖水水域，而近岸是狭长的冷水水域，冷水区域的等温线通常与沿岸的走向保持相同[如图 5-3(a)中的 20℃和 19℃等温线以及图 5-3(b)中的 19℃和 18℃等温线]。暖水区域能以两种方式入侵到岸界，第一种是以水舌的方式向近岸入侵[图 5-3(b)]；第二种是整体向东部近岸移动，使沿岸的冷水区域不存在。

因此，以暖水是否入侵岸界为标准，通过判断沿岸水温结构确定沿岸附近的温度情况，将北部、中部和南部的秘鲁鱿渔场划分为以下两种类型(图 5-4)：

A 型渔场：沿岸表层水温小于 20℃区域的南北跨度($L_{<20℃}$)大于 1°纬度；

B 型渔场：沿岸表层水温大于 20℃区域的南北跨度($L_{>20℃}$)大于 1°纬度；

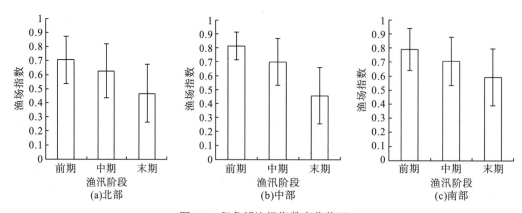

图 5-2 秘鲁鱿渔场指数变化状况

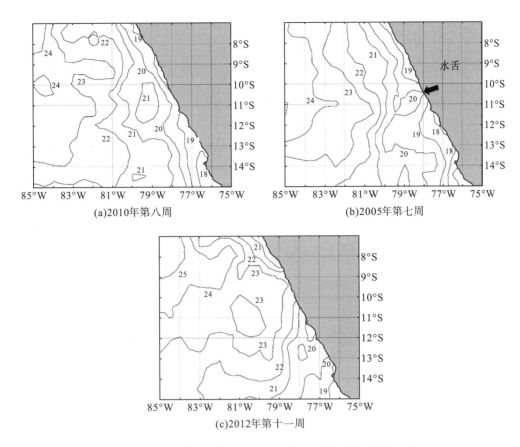

(a)2010年第八周　　　　　　　　　　　(b)2005年第七周

(c)2012年第十一周

图 5-3　秘鲁沿岸水温结构典型范例(图中等温线经过平滑处理)

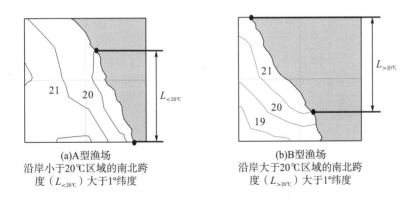

(a)A型渔场　　　　　　　　　　　　　(b)B型渔场
沿岸小于20℃区域的南北跨　　　　　沿岸大于20℃区域的南北跨
度（$L_{<20℃}$）大于1°纬度　　　　　度（$L_{>20℃}$）大于1°纬度

图 5-4　基于水温结构的秘鲁鳀渔场类型划分

5.3　不同渔场类型与渔场指数的关系

在渔汛前期，中部和南部区域完全为 A 型渔场(100%)，北部区域中绝大多数也为 A 型渔场(91.7%)；而在渔汛中期，三个区域 A 型渔场的比例都出现了下降；到了渔汛末期，除了南部区域 A 型渔场的比例略有升高以外,其他两个区域 A 型渔场的比例依然呈下降的趋势(图 5-5)。

由于渔汛前期北部区域 B 型渔场仅出现过两次,数量过小,不具有代表性,因此只对中期和末期各区域的渔场指数进行分析:t 检验表明,在渔汛中期,三个区域 A 型渔场的渔场指数均显著地大于 B 型渔场(P<0.05);在渔汛末期,三个区域 A 型渔场的渔场指数与 B 型渔场均不存在显著差异(P>0.05)。

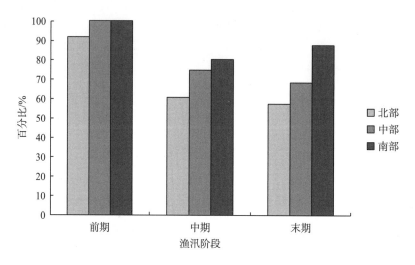

图 5-5　不同渔汛阶段和不同区域 A 型渔场所占比例

在渔汛前期,除了北部区域沿岸出现过高于 20℃的暖水(B 型渔场)情况以外,中部和南部区域都是低于 20℃的冷水,而方差分析多重比较表明(表 5-1),在渔汛前期的渔场指数与中期、后期相比显著要高;中期开始,出现温度高于 20℃的暖水情况增多,而 t 检验表明,在中期三个区域出现 A 型渔场的渔场指数要显著高于 B 型渔场。可见沿岸出现温度大面积低于20℃暖水的情况(A 型渔场)将有利于秘鲁鱿渔场的生成。研究选用20℃作为冷暖水的标志与前人对秘鲁鱿适宜水温的调查是一致的:秘鲁鱿的栖息水温为 13~23℃(Gutiérrez et al.,2007),但是适宜水温为 15~20℃(Muck and Sanchez,1987)。同时研究表明,秘鲁鱿栖息的东南太平洋沿岸海域内存在着强劲的秘鲁上升流,上升流使海域有着冷水、低氧(Gibson and Atkinson,2003)及存在丰富的饵料等特征,正好适合秘鲁鱿的生物学特性,有利其生存。而在秘鲁外海,通常存在由赤道逆流带来的温度较高的赤道表层水(surface equatorial water,SEW),SEW 向南部和近岸延伸,形成亚热带表层水(subtropical surface water,SSW),SSW 到达近岸与沿岸上升流水(upwelled cold coastal water,CCW)形成沿岸和亚热带表层水的混合区域(mixed coastal-subtropical water,MCS)。Swartzman 等(2008)通过调查发现秘鲁鱿一般出现在 CCW 和 MCS 内,SEW 和 SSW 内秘鲁鱿的资源丰度很低,这表明暖水入侵近岸会形成不利于秘鲁鱿栖息的环境,因此不利于秘鲁鱿渔场的生成。对比这些研究结果,本书认为 20℃是海域中冷暖水的标志,即高于

20℃的海域一般存在着 SEW 和 SSW，而低于 20℃的海域一般存在着有利于秘鲁鳀渔场生成的 CCW 和 MCS。

国内外学者对秘鲁鳀资源变动与大时间尺度气候变化(如 ENSO 现象)的关系也从生物因素上解释了冷水的 A 型渔场导致秘鲁鳀渔场指数增加的原因。Ñiquen 和 Bouchon(2004)也发现，在暖水年份，秘鲁鳀整体的分布呈现向南部海域和更深水层迁移的趋势。Alheit 和 Ñiquen(2004)归纳了近年来对 ENSO 现象发生的暖水年份海域内生物调查的结果，包括 ENSO 现象发生时秘鲁鳀会往近岸迁移，鱼群生活空间狭窄，食物竞争加剧，长时间来看必然导致秘鲁鳀资源减少；同时秘鲁鳀的天敌如竹筴鱼类(Trachurus)得益于暖水的扩张，其栖息地与秘鲁鳀的栖息地存在重叠，因此能够对其进行大量的捕食，当时 Alheit 和 Ñiquen(2004)便指出 SST 变化即能作为发生这种现象的指标。此外，暖水的扩张还会导致秘鲁鳀的饵料生物——桡足类(Copepods)资源量的减少。可见水温结构的变动能够导致秘鲁鳀的迁徙以及通过生物捕食被捕食的关系改变资源的状态。

进一步分析表明(图 5-5)，沿岸 19℃(或 20℃等温线)和 18℃(或 19℃等温线)分别可以作为渔汛前期和中期中心渔场形成的指标。渔场判断过程中也出现过沿岸海域存在大面积低温水(低于 17℃)的情况(图 5-5)，但是这种情况形成中心渔场的频率没有出现 18～20℃等温线的情况高。研究发现，强的上升流同时也伴随强的离岸输送，导致海域营养盐不易聚集(Bakun and Weeks，2008)，这也会影响秘鲁鳀对饵料的利用，进而导致秘鲁鳀资源量变化。因此，若将低温水的出现假设为上升流过强导致的，那么就可以解释为什么出现低温水的时候中心渔场出现的频率较低。

5.4　A 型渔场水温分布与渔场指数的关系

对 A 型渔场的水温分布做进一步分析(图 5-6)：判断沿岸水温情况，同样以沿岸小于某个温度(20℃、19℃、18℃、17℃和低于 17℃)区域的南北跨度大于 1°纬度为标准，取最小温度，认为该区域受这个等温线的控制。统计不同等温线控制下的各捕捞区域和渔汛阶段的中心渔场(渔场指数大于 0.6)占所有 A 型渔场的比例，结果如下(图 5-7)：北部区域，在渔汛前期、中期和末期中心渔场占所有 A 型渔场的比例分别为 72.7%、69.2%和 21.4%，其中，前期受 19℃和 20℃等温线控制的区域比例较高，占 36.4%和 27%，中期受 18℃和 19℃等温线控制的区域比例最高，占 23%和 23%；中部区域，在渔汛前期、中期和末期中心渔场占所有 A 型渔场的比例分别为 100%、81.3%和 40.0%，其中，前期受 19℃和 20℃等温线控制的区域比例较高，占 37.5%和 45.8%，中期受 18℃等温线控制的区域比例最高，占 37.4%；南部区域，在渔汛前期、中期和末期中心渔场占所有 A 型渔场的比例分别为 91.7%、84.4%和 46.7%，其中前期受 19℃等温线控制的区域比例最高，占 66.7%，中期受 18℃等温线控制的区域比例最高，占 40.6%。

可见，在渔汛前期和中期阶段，A 型渔场的出现有利于渔场的形成，其中渔汛前期沿岸 19℃或 20℃等温线的出现以及渔汛中期沿岸 18℃或 19℃等温线的出现可以作为中心渔场形成的指标。

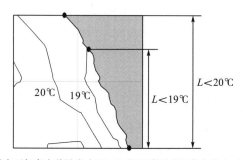

区域内不仅存在着沿岸小于 20℃的区域同时还存在着小于 19℃的区域，小于 19℃（$L_{<19℃}$）的区域的南北纬度跨度大于 1°纬度，因此认为该区域受 19℃等温线控制。

图 5-6　不同水温类型 A 型渔场区分方法举例

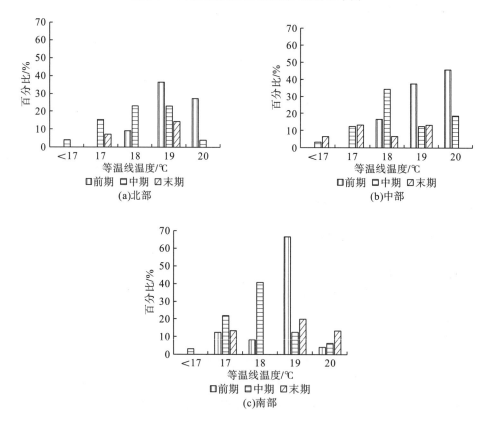

图 5-7　不同等温线控制情况下的中心渔场(渔场指数大于 0.6)占所有 A 型渔场比例

5.5　小　　结

　　水温作为海洋中最容易获得的环境因子,对侦查鱼群和确定渔场形成有着决定性的作用(陈新军,2004)。在以往的渔场和水温的关系分析中,通常将水温数据栅格化处理,利用经验统计的方法确定渔场的适宜温度范围(陈峰等,2010),而对于水温结构与渔场的关系往往只是定性的描述(陈新军和许柳雄,2004;邵全琴等,2004;杨胜龙等,2015),缺乏定量的分析。在本研究中,由于秘鲁鱿一般生活在近表层的区域(50m 以上),因此研究假设表层水温的分布情况与秘鲁鱿渔场存在关系,尝试利用表层水温结构确定渔场类型以定量分析不同沿岸水温情况与渔场的关系。

　　研究探讨了秘鲁鱿渔场与表层水温结构的关系,得到了中心渔场的表征指标,但是只用表层水温进行预报确实会造成误差,例如渔汛末期使用这些表征指标就难以说明中心渔场的存在。因此建议在今后的分析中也可以将秘鲁沿岸的垂直水温资料(Argo 数据)考虑进去,利用海水中温跃层的数据反演成海水中上升流的情况。此外也应该考虑海域其他动力学因素(如涡旋的存在)和长时间气候变化对渔场的影响,为更好地为预报渔场服务。

第6章 秘鲁鳀资源丰度分析与预测

秘鲁鳀是一种栖息于东南太平洋沿岸的小型中上层鱼类,其渔业曾为世界上产量最大的单鱼种渔业。秘鲁鳀的捕捞和加工形成了秘鲁国内重要的优质鱼粉产业(李剑楠,2016)。我国是世界上重要的鱼粉进口国家,在进口鱼粉中,秘鲁鳀鱼粉的比例占所有进口鱼粉的一半左右(谢超和孙如宝,2008)。由此可见,秘鲁鳀渔业的波动很大程度影响我国鱼粉市场行情。因此了解秘鲁鳀资源丰度的时间变动规律及其与环境的关系有利于我国鱼粉企业把握秘鲁鳀鱼粉的行情。

因此本章对秘鲁鳀渔业 CPUE 进行标准化提取年间、渔汛季节间变动的关系,对其与厄尔尼诺现象和拉尼娜现象的关系进行论述,基于渔业资源变动的基本方程式建立资源量预报模型,研究有助于我国鱼粉进口企业把握鱼粉市场行情,及学者对秘鲁鳀资源变动机制的把握。

6.1 秘鲁鳀资源丰度时间变动规律分析

在影响秘鲁鳀资源变动的研究中,厄尔尼诺现象备受学者的关注,例如:Ñiquen 和 Bouchon(2004)发现,厄尔尼诺现象会使海域中捕获的秘鲁鳀体质量(体长、性腺成熟度等)变差,Rojas 等(2011)发现厄尔尼诺现象会改变秘鲁鳀幼鱼的水平和垂直分布,Alheit 和 Ñiquen(2004)认为在厄尔尼诺现象发生的时候秘鲁鳀的捕食者(如竹筴鱼类)数量会增多。此外,不少学者认为,在一个生态系统周期内,高频率厄尔尼诺现象的发生对秘鲁鳀资源是不利的(Chavez et al.,2003)。那么对于秘鲁沿岸的秘鲁渔场,近年来其资源丰度变化如何?厄尔尼诺现象和拉尼娜现象是如何作用于秘鲁鳀年间资源丰度变化的?是否可以用厄尔尼诺现象的表征指标(如 Nino1+2 区的温度)来解释渔场资源丰度的变动?为此,本章基于 2005～2014 年的秘鲁渔业生产统计数据,利用 CPUE 标准化的方法获得资源丰度的时间变动规律,分析这些规律与环境要素的影响,研究有利于学者和企业对秘鲁鳀渔业资源变动规律的把握。

秘鲁鳀的生产数据来自 IMARPE 网站,为 2005～2014 年秘鲁各港口渔汛期间每日出港的大型工业围网渔船的船数和渔获量。除了 2014 年以外,每年的渔汛均分为两个季度:第一季度从每年的 4 月左右开始到当年的 8 月初结束;第二季度从每年的 11 月开始到次年的 1 月结束。

以 Nino 3.4 区的温度距平值作为鉴定厄尔尼诺现象和拉尼娜现象的依据,若是该值连续 3 个月的滑动平均值超过 0.5℃，则认为发生一次厄尔尼诺现象，若是该值连续 3 个月的滑动平均值低于-0.5℃，则认为发生一次拉尼娜现象(Chaigneau et al.，2008)。以 2005～2014 年 Nino1+2 区(0°～10°S、80°～90°W)的温度和温度距平数据作为渔场水温的表征指标。数据来自美国 NOAA 的气候预测中心，数据的时间分辨率均为月。

据了解，秘鲁鳀主要栖息于沿岸 30n mile 50m 水深内的海域，一般在沿岸密集成群，且渔场出港作业公司在这十年来变动不大(Martin，2009)，因此若是以各港口为单位，可以认为其出港的渔船捕获到秘鲁鳀的概率基本一致。此外，渔场月间变动结果显示，不同月份渔场的作业位置有很大的差异，因此捕捞效率在月份间同样会有所体现。由此，我们假设影响渔场捕捞效率变动的因素主要发生在渔场港口空间位置的不同和月份上，CPUE 在年和渔汛季度上的变动为其资源变动的反映；同样，环境对 CPUE 的影响也只作用于秘鲁鳀的资源丰度。

统计单个港口在整个月的渔获量(Catch)，以渔船每月出港的船数作为捕捞努力量(Effort)，计算名义单位捕捞努力量渔获量(CPUE)，其公式为：

$$CPUE = \frac{Catch}{Effort}$$

式中，CPUE 单位为 t/船。

研究采用广义加性模型(Generalized additive model，GAM)对 CPUE 进行标准化，提取 CPUE 在时间上的效应，以标准化后的 CPUE 作为秘鲁鳀资源丰度的指标(Guisan et al.，2002；Maunder and Punt，2004)。

研究中，将时间(年 Year、季度 Season 和月 Month)及空间(港口 Port)因子作为解释变量，假设这些因子对 CPUE 的作用是连乘形式的，同时将 CPUE 为 0 的点去除，因此将 CPUE 作对数变化后，作为响应变量。将解释变量依次加入 GAM，将赤池信息量准则(Akaike information criterion，AIC)值最小的模型作为最佳的模型。GAM 分析使用软件 R 3.3.1。以 2005 年为标准，其资源指数是 1，则其他年份相对于该年份的效应为该年份的资源丰度指数，即标准化的 CPUE(Standardized CPUE，SCPUE)(官文江等，2013)。

根据定义的厄尔尼诺现象和拉尼娜现象与年间资源丰度指数进行叠加匹配，分析近年来厄尔尼诺和拉尼娜现象对秘鲁鳀资源丰度的影响。

同时，综合年效应和季度效应，计算各渔汛季度的资源丰度指数，以 4 月和 11 月分别表示第一渔汛季度和第二渔汛季度的当月，对渔汛当月及前后两月的渔场水温状况(Nino1+2 区的温度)与资源丰度指数进行相关性分析，并建立资源丰度指数的回归方程(汤银财，2008)。

6.1.1 CPUE 标准化结果

Kolmogorov-Smirnov 检验(Conover，2006)显示，ln(CPUE) 的频次服从正态分布
(P>0.05)，其中 u=5.19，σ=0.43(图 6-1)，因此可以使用 GAM 进行分析并标准化。

将因子逐一加入 GAM，模型的 AIC 值逐步下降，且各因子对 CPUE 的效应都是显著
的(P<0.01，表 6-1)。最终整体 GAM 对 ln(CPUE) 偏差的解释率为 33.4%。其中年的解释
率最高，为 14%，其次依次为港口(11.4%)、月(5.1%)和季节(1.9%)。

表 6-1 秘鲁鱿渔业 CPUE 的 GAM 分析结果

	自由度	F 值	P
年	9	12.97	<0.01
季度	1	118.06	<0.01
月	8	610.36	<0.01
港口	13	9.18	<0.01

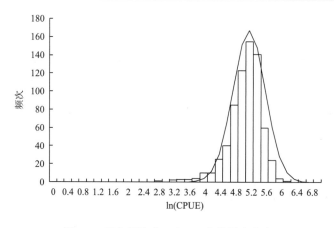

图 6-1　秘鲁鱿渔业 ln(CPUE) 的频次分布

6.1.2 CPUE 时空变动分析

年效应上 2005～2014 年 CPUE 波动较大，其中 2005～2008 年 CPUE 处于上升趋势，
到了 2009 年大幅下降，之后两年增加，2011 年增加至这十年的最高水平，之后 2012 年
CPUE 下降，2013 年增加，2014 年的 CPUE 下降至这十年的最低水平，总体上秘鲁鱿资
源量的变化趋势为 2005～2011 年波动增加，2012～2014 年波动下降(图 6-2)。季度上，
第二季度的 CPUE 要高于第一季度(图 6-3)；月份上，第一季度 3～4 月份 CPUE 比较低，
随后逐渐增加，到 5 月到达最大值，随后 6 月和 7 月的 CPUE 相比于 5 月少量下降，到了
8 月下降到最低；第二季度的 11 月～次年 1 月 CPUE 基本保持持平，但是与第一季度的
各月相比，其值都要低(图 6-4)。

　　空间上，不同港口对 CPUE 的影响不同，其中在南部皮斯科(Pisco)和北部萨曼库 (Samanco)附近作业的渔船有较高的 CPUE(图 6-5)。

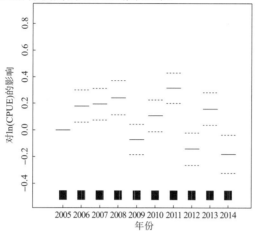

图 6-2　年因子对 ln(CPUE)的影响

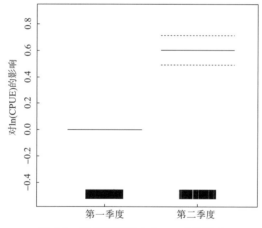

图 6-3　季度因子对 ln(CPUE)的影响

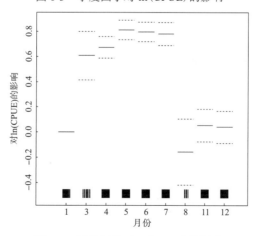

图 6-4　月份因子对 ln(CPUE)的影响

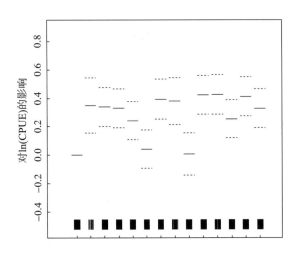

图 6-5　空间因子对 ln(CPUE) 的影响

注：横坐标从左往右依次是卡亚俄(Callao)、卡斯马(Casma)、昌凯(Chancay)、奇卡马(Chicama)、
钦博特(Chimbote)、瓦乔(Huacho)、瓦尔梅(Huarmey)、派塔(Paita)、帕拉奇奎(Parachique)、
皮斯科(Pisco)、萨曼库(Samanco)、苏佩(Supe)、坦博-德莫拉(Tambo de Mora)和贝格塔(Vegueta)

CPUE 通常被假设为渔业资源丰度的指标，但是名义 CPUE 会受时间、空间和环境等因素的影响，CPUE 与渔场的资源丰度不是正比的关系，因此需要对 CPUE 标准化。研究中的数据只有秘鲁港口每日的渔获量及出港的船数数据，无法利用渔场具体的作业位置进行标准化，因此假设渔场资源丰度的变化反映在 CPUE 的年效应和渔汛季度效应上，空间位置的差异对 CPUE 的影响主要反映在捕捞效率上。同时研究假设环境对捕捞系数没有影响，这个假设值得商榷。由于秘鲁鱿分布区域在近岸水域且密集成群，同时渔船几乎为秘鲁国内的渔船，因此认为这样的假设在一定程度上是合理的。只使用时空因子进行标准化在渔业科学中也不是没有先例，例如，官文江等(2013)在研究鲐鱼资源与初级生产力的关系时同样只是将时间(年和农历)和渔业公司捕捞效应作为其中的解释变量对 CPUE 进行标准化。

6.1.3　资源丰度指数年间变动与厄尔尼诺现象的关系

根据对 Nino 3.4 区温度距平的分析,将数据做 3 个月的滑动平均结果显示:2005～2014 年共出现了 3 次厄尔尼诺现象,分别是 2005 年 1～4 月、2006 年 11 月～2007 年 1 月和 2009 年 7 月～2010 年 4 月;共发生 3 次拉尼娜现象,分别是 2007 年 10 月～2008 年 6 月、2010 年 8 月～2011 年 4 月和 2011 年 9 月～2012 年 2 月。对比厄尔尼诺现象发生的年份,如 2005 年和 2009 年,其资源丰度指数都在这十年中处于较低的水平,而发生拉尼娜现象的年份(2008 年和 2011 年),其资源丰度指数较高,尤其是 2011 年前后发生的两次拉尼娜现象,其资源丰度指数是这十年最高的(图 6-6)。

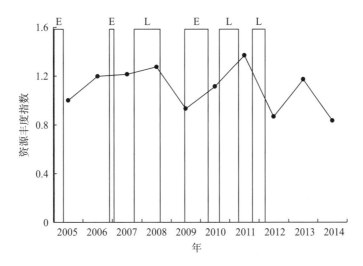

图 6-6　秘鲁鱿年资源丰度指数变动与厄尔尼诺现象和拉尼娜现象的关系

注：E 表示厄尔尼诺现象，L 表示拉尼娜现象

GAM 分析表明，年对 CPUE 影响最大，其方差解释率也最高，为 14%，占模型总解释率的一半以上，表明秘鲁鱿年间变动剧烈，这与第 2 章对渔场时空分布分析的结果一致。这种渔汛季度间的差异同样反映在秘鲁鱿的产量上，联合国粮食及农业组织数据显示，秘鲁鱿产量最高的年份（1970 年）与最低的年份（1984 年）相差了约 1300×10^4t（联合国粮食及农业组织，2014）。秘鲁鱿资源产生巨大差异的原因主要是秘鲁鱿是一种生态机会主义者，环境对其影响巨大。有研究发现，秘鲁鱿对环境的响应有着其较大的弹性，在环境较差的时候其资源快速减少，但是只要环境适宜，其资源就会大幅度地恢复到较高水平（Bakun，2014）。不少研究发现，厄尔尼诺现象的发生对秘鲁鱿的资源是不利的（Chavez et al.，2003），这与本书的研究结果一致。厄尔尼诺现象发生时生物因素和非生物因素的共同作用导致了秘鲁鱿资源变动，有研究表明，秘鲁鱿的食物组成为海域中体型较大的浮游动物（Konchina，1991），而 Tam 等（2008）的研究发现，厄尔尼诺现象发生的时候，海域的食物网能量流动减弱，结构缩小，海域内存在着较多非秘鲁鱿主要食物的浮游植物及小型浮游动物，不适合秘鲁鱿的生存（Fiedler，2002；González et al.，2000）；同时 Ñiquen 和 Bouchon（2004）发现，厄尔尼诺现象发生的时候，海域水温异常偏高导致秘鲁鱿向近岸移动，加剧了捕捞，同时秘鲁鱿的繁殖成功率也会降低。另外，秘鲁鱿的天敌（如竹筴鱼类）能够得益于暖水的扩张在厄尔尼诺现象发生的时候迁移至近岸，并对秘鲁鱿幼鱼进行捕食（Tam et al.，2008）。研究获得的秘鲁鱿资源丰度指数还可以用亲体量的变动解释，对比亲体量和资源丰度指数，发现其变化趋势基本上是一致的（图 6-7）；最后环境因素本身也会造成秘鲁鱿资源的变动，厄尔尼诺现象的发生会导致海域上升流减弱，使渔场水温升高，这对适合在低温贫氧水域生存的秘鲁鱿是不利的（陈芃等，2016）。

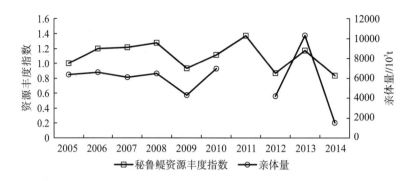

图 6-7　秘鲁鱿资源丰度指数与亲体量的关系

注：秘鲁鱿亲体量来源于 Fishsource 网站，其中 2011 年的数据缺失

　　研究还发现(图 6-3)，第二季度的秘鲁鱿资源丰度指数要大于第一季度，这与前人的研究是一致的。例如，早期 Muck 和 Pauly(1987)利用秘鲁海域捕食者的生物量对各月秘鲁鱿资源量进行逆推，同样发现一般在每年的 11 月(第二渔汛季度)秘鲁鱿资源量达到最高值。Bakun 等(1987)对秘鲁海域海洋要素(上升流指数、埃克曼离岸输送、湍流和风生扰动指数等)的计算表明，这些海洋要素在年末处于一年的中间值状态，结合 Cury 和 Roy(1989)的分析表明，秘鲁鱿一般要在环境适中的海域(上升流流速不强、离岸输送不大和湍流强度较弱)才能保证其栖息繁衍，而 Bakun 等(1987)的研究表明，第一季度海域的上升流等因素相对更强，由此可见第二季度的海洋环境更适合秘鲁鱿生存。

　　第二季度的秘鲁鱿资源丰度指数大于第一季度，一般来说第二季度 Nino1+2 区的温度要小于第一季度。Swartzman 等(2008)分析了海域水团变动对秘鲁鱿资源的影响，发现在秘鲁 0°～10°S 沿岸表层水团若是温度过高且南下到 11°～15°S 的秘鲁鱿主要分布区域，对其资源是不利的，因此以 Nino1+2 区的温度变化来表征渔汛季度间秘鲁鱿资源丰度的变化，此外 Singh 等(2014)也曾将 Nino1+2 区的温度作为秘鲁鱿幼鱼栖息地的指示指标，模拟了秘鲁鱿的亲体补充量关系并取得了良好的效果。

6.1.4　渔场温度状况与当季度资源丰度指数的关系

　　相关分析及其检验(表 6-2)表明，渔汛前二月到渔汛后一月 Nino1+2 区的温度与资源丰度指数呈显著的负相关关系(P<0.05)，这种负相关关系随月份的推移而变弱，到了渔汛后二月，资源丰度指数虽然与渔场温度呈负相关关系，但是相关系数检验结果不显著，由图 6-8 也可以看出。将渔汛前二月至渔汛后一月 Nino1+2 区的温度进行平均，建立其与秘鲁鱿资源丰度指数的回归模型表达如下：

$$AI = -0.06 \times Anino + 2.78$$

式中，AI 表示当渔汛季度秘鲁鱿的资源丰度指数，Anino 表示渔汛前二月至渔汛后一月 Nino1+2 区的温度平均值，方差分析结果显示，该方程统计显著(P<0.05，R^2=0.51)。

表 6-2　当季度资源丰度指数与 Nino1+2 区温度情况的相关分析结果

	相关系数	P
渔汛前二月	−0.532*	0.019
渔汛前一月	−0.515*	0.024
渔汛当月	−0.479*	0.038
渔汛后一月	−0.460*	0.048
渔汛后二月	−0.312	0.194

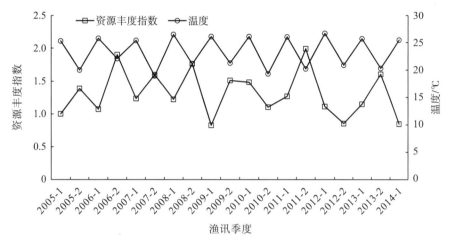

图 6-8　渔汛前两月至渔汛当月 Nino1+2 区平均温度与资源丰度指数的关系

6.2　秘鲁鳀资源量预报模型

秘鲁鳀是栖息于东南太平洋沿岸的一种小型中上层鱼类,其渔业曾为世界上产量最大的单鱼种渔业。秘鲁鳀的捕捞和加工使秘鲁成为世界上最大的鱼粉出口国家(张磊,2008)。我国是世界上重要的鱼粉进口国家,而在进口鱼粉中,秘鲁鳀鱼粉的比例占所有进口鱼粉的一半左右(李剑楠,2016;杨琳,2016),秘鲁鳀的捕捞量很大程度影响我国秘鲁鳀鱼粉的市场行情。秘鲁国内的秘鲁鳀渔业管理采用总可捕量(total allowable catch,TAC)制度,每年两次的捕捞渔汛汛期前秘鲁海洋研究院将对秘鲁沿岸的秘鲁鳀资源进行调查,然后决定当年的总可捕量以及捕捞开始的时间(韦震,2016,2017;IMARPE,2015a,2015b)。如果能对秘鲁鳀资源量和变动做出有效的预报将有助于我国秘鲁鱼粉进口企业把握市场行情。中长期的渔情预报是渔场学的重要内容(陈新军,2016),已有研究对西北太平洋秋刀鱼的资源丰度、南美沙丁鱼的资源量(刘子藩等,2004)、东海带鱼补充群体数量(Chavez and Messiém,2009)和东南太平洋茎柔鱼资源补充量进行了有效的预报。但是未见对秘鲁鳀中长期资源量预报的报道。为此,本书利用主成分分析和多元线性回归方法对 17 个渔汛季度(2005～2014 年第一季度)前期秘鲁鳀的资源量进行预报并利用主成分分析的结果对影响秘鲁鳀资源变动的因素进行评价，研究将有助于为我国鱼粉进口企业提供决策支撑。

6.2.1　数据来源

秘鲁鳀的捕捞量、渔汛期间秘鲁鳀的幼鱼比例和资源量数据来自 IMARPE 网站，见表 6-3。每年的渔汛均分为两个季度，第一季度为每年的 4～8 月，第二季度为每年的 11 月至翌年的 1 月。捕捞量数据为 2005～2014 年的两次渔汛期间在秘鲁沿岸捕捞的总渔获量，其中 2014 年只有上半年的数据。同时在捕捞期间，IMARPE 将对各港口每日捕捞量中幼鱼比例(小于 12cm 的幼鱼吨数)进行统计(IMARPE，2015a，2015b；Checkley et al.，2017)，取一次渔汛中幼鱼比例的日港口平均值作为当次渔汛总的幼鱼比例。在捕捞渔汛开始前的 3 月和 10 月左右，IMARPE 均会派调查船对秘鲁沿岸的秘鲁鳀资源量进行调查，最终得到具体的资源量数值(IMARPE，2015a，2015b)。

表 6-3　2005～2014 年秘鲁沿岸秘鲁鳀捕捞量、渔汛期间秘鲁鳀的幼鱼比例和资源量

捕捞时间/(年-季度)	资源量/t	幼鱼比例/%	捕捞量/t
2005-1	12700000	21.94	4997291
2005-2	7700000	2.23	2722832
2006-1	8100000	6.06	4183137
2006-2	6800000	1.61	1976303
2007-1	8300000	5.96	2870530
2007-2	9400000	5.76	2092359
2008-1	10950000	12.36	1848067
2008-2	4600000	7.76	1853183
2009-1	8200000	9.83	3601969
2009-2	4100000	9.33	2293783
2010-1	8150000	13.64	2434378
2010-2	5600000	4.19	794656
2011-1	10600000	11.14	4004979
2011-2	7140000	18.80	2414799
2012-1	9550000	5.09	2675965
2012-2	5400000	12.81	771143
2013-1	10850000	4.06	2158369
2013-2	9250000	3.64	2281812
2014-1	9700000	7.14	1892543

研究表明,沿岸的水温状况及大尺度的厄尔尼诺现象均会对秘鲁鳀的资源量产生影响(Krautz et al.，2013；Silva et al.，2016)。因此环境数据包括了 2005～2014 年秘鲁沿岸港

口监测的沿岸海水温度(Temperature，T)、温度距平(Temperature Anomaly，TA)以及 Nino1+2 区的温度距平数据。港口监测水温数据来自 IMARPE 网站，港口包括了通贝斯(Tumbes)、派塔(Paita)、圣荷西(San José)、奇卡马(Casma)、钦博特(Chimbote)、瓦乔(Huacho)、卡亚俄(Callao)、皮斯科(Pisco)和伊洛(Ilo)。港口位置基本跨越秘鲁沿岸南北海岸线，每月监测四次，按月对各港口检测的沿岸海水温度和温度距平进行平均，由此得到月间的水温数据。以 Nino1+2 区温度距平数据代表厄尔尼诺现象的影响来自美国 NOAA 气候预报中心。

6.2.2　预报模型原理

预报模型的基本原理为鲁塞尔(Russell)提出的渔业资源数量变动模型，假设在一定区域，时间 t 时对资源群体存在捕捞作业，那么该资源群体的变动情况可以由下式表示

$$B_{t+1} = B_t + R_{\Delta t} + G_{\Delta t} - M_{\Delta t} - C_{\Delta t}$$

式中，B_{t+1} 为 t 时资源群体的资源量，B_t 为下一时间资源群体的资源量，$R_{\Delta t}$、$G_{\Delta t}$、$M_{\Delta t}$ 和 $C_{\Delta t}$ 分别为 t 至 $t+1$ 时资源群体的总补充量、生长量、自然死亡量和对该资源群体的捕捞量(詹秉义，1995)。

研究表明，秘鲁鳀主要栖息于沿岸 30n mile 50m 水深内的海域，栖息地范围狭窄(Yáñez et al.，2001)，因此研究不考虑秘鲁鳀迁入迁出因素的影响。同时，秘鲁鳀为三年生的鱼类，孵化生长至一年成熟可成为补充群体(Bertrand et al.，2008b)，因此研究假设在当次渔汛的前两次渔汛捕获量中幼鱼比例能够反映补充量的变化。其次，秘鲁鳀的生长和自然死亡极大地受环境的影响(Krautz et al.，2013；Landaeta et al.，2014)，因此假设环境因子的变动能够代表秘鲁鳀生长和自然死亡的变动，以每年两次资源调查的前三个月(12～2 月和 7～9 月)的环境因子代表其生长和自然死亡的变动情况。根据前面的 Russell 模型，预报模型表示如下

$$B_{t+1} = f(B_t, \text{Juvlag}_{t/t-1}, \text{NinoAlag}_{1/2/3}, \text{Tlag}_{1/2/3}, \text{TAlag}_{1/2/3}, C_{\Delta t})$$

式中，$f(\ )$ 为自变量与因变量的函数关系，B_{t+1} 为所需预报的下一渔汛季度的秘鲁鳀资源量，B_t 为当季度的秘鲁鳀资源量，Juvlag_t 和 Juvlag_{t-1} 为当季度和上季度秘鲁鳀渔获物的幼鱼比例，$\text{NinoAlag}_{1/2/3}$、$T_{1/2/3}$ 和 $\text{TA}_{1/2/3}$ 为资源调查前三个月的 Nino1+2 区的温度距平、沿岸海水温度和温度距平，$C_{\Delta t}$ 为当季度渔汛的秘鲁鳀捕捞量。

1. 模型的构建

可以看到研究中的因子间(如调查前三个月 Nino1+2 区的温度距平)存在很强的相关性，这将不满足后面多元线性回归分析的要求(Sandweiss et al.，2004)。同时研究变量较多，共有 13 个指标作为自变量，因此首先使用主成分分析将多个指标化为少数几个综合的指标，方法如下(薛毅和陈立萍，2007)。

设有 n 个捕捞渔汛季度，则 x_{tj} 为第 t 个捕捞渔汛季度第 j 个指标的值，其中，j 从 1～13 分别表示 B_t、$Juvlag_t$、$Juvlag_{t-1}$、$NinoAlag_3$、$NinoAlag_2$、$NinoAlag_1$、T_3、T_2、T_1、TA_3、TA_2、TA_1 和 $C_{\Delta t}$。则原始数据矩阵 $\boldsymbol{X}$ 可以表示为

$$\boldsymbol{X} = \begin{bmatrix} x_{11} & \cdots & x_{1p} \\ \vdots & x_{tj} & \vdots \\ x_{n1} & \cdots & x_{np} \end{bmatrix}$$

式中，$t=1, 2, \cdots, n$；$j=1, 2, \cdots, p$；$p=13$。

由于各指标间单位、量纲及数值大小相差较大，因此对数据进行标准化处理

$$x_{tj}^* = \frac{x_{tj} - u_j}{\sqrt{s_j}}$$

式中，u_j 和 s_j 分别为第 j 列数据的平均值和标准差。

计算标准化数据的相关矩阵 $\boldsymbol{R}$

$$\boldsymbol{R} = (r_{ij})_{p \times p}, \quad i,j=1,2,\cdots,p, \quad p=13$$

式中

$$r_{ij} = \frac{s_{ij}}{\sqrt{s_{ii}s_{jj}}}, \quad i,j=1,2,\cdots,p, \quad p=13$$

$$s_{ij} = \frac{1}{n-1}\sum_{k}^{n}\left(x_{kj}-\overline{x}_i\right)\left(x_{kj}-\overline{x}_j\right), \quad i,j=1,2,\cdots,p, \quad p=13$$

求相关矩阵 $\boldsymbol{R}$ 的特征值 λ_1、$\lambda_2 \cdots$、λ_p，其中 $\lambda_1 \geq \lambda_2 \geq \cdots \geq \lambda_p \geq 0$ 及单位特征向量（即因子载荷）即：

$$u_1 = \begin{bmatrix} u_{11} \\ u_{21} \\ \vdots \\ u_{p1} \end{bmatrix} u_2 = \begin{bmatrix} u_{12} \\ u_{22} \\ \vdots \\ u_{p2} \end{bmatrix}, \ldots, \quad u_p = \begin{bmatrix} u_{1p} \\ u_{2p} \\ \vdots \\ u_{pp} \end{bmatrix}$$

则第 t 个样本第 p 个主成分的得分为

$$S_{ti} = u_{i1}x_{t1}^* + u_{i2}x_{t2}^* + \cdots + u_{ip}x_{tp}^*, \quad i=1,2,\cdots,p, \quad p=13$$

计算第 i 个主成分的方差贡献率即：$\dfrac{\lambda_i}{\sum\limits_{i=1}^{p}\lambda_i}$，其中 $\sum\limits_{i=1}^{k}\lambda_i=1$，当前 k 个主成分的方差贡献率 $\sum\limits_{i=1}^{k}\lambda_i \geq 80\%$ 时，即表示可以选择前 k 个主成分来反映原来 13 个指标的变化。

根据主成分分析得到的每一个样本的前 k 个主成分得分 S_{ti}，$i=1,2,\cdots,k$，建立下一渔汛季度资源量 B_{t+1} 与 S_{ti} 的多元线性模型

$$B_{t+1} = a_i\sum_{i}^{k}S_{ti} + b$$

式中，a_i 为参数，b 为截距。

2. 模型的校正和验证

由于总共只有 17 个渔汛季度(2006～2014 年第一季度)完整的数据,没有更多样本对模型进行交叉验证,因此模型的有效性验证采用下面的方法:首先对 2006～2011 年的数据按照前面的方法进行建模,以 2012 年第一季度的资源量数据进行验证,同时利用原始因子序列对模型进行拟合,计算模拟序列与真实序列的相关系数及相对误差来评价模型的优劣;然后以 2006～2012 年第一季度的数据作为建模数据,2012 年第二季度的数据作为验证数据进行如上处理;以此类推。直到最终以 2006～2013 年的数据作为建模,2014 年第一季度的数据作为验证数据之时,一共建立了五个模型。观察随时间的推移样本量的增加,模型不断校正后的效果是否提高,以此判断模型的有效性。

6.2.3　建立模型

主成分分析表明(表 6-4),除了模型 1 的数据以外(3 个),其他模型得到的主成分个数均为 4 个。将主成分分析得到的当季渔汛各主成分得分与下季渔汛的资源量建立模型,结果表明,随着样本量的增加,模型逐渐显著(表 6-4,$P<0.05$)。由验证数据的相对误差可知(表 6-5),模型 2 相对于模型 1 的相对误差增加了 16%,但是随着样本量的增加,相对误差逐渐下降,到模型 5,其相对误差只有 1%。从模型 1 至模型 5,基于原数据拟合资源量序列与真实资源量序列的相对误差也在不断下降,平均相对误差依次为 19%、16%、16%、15% 和 12%。从模拟序列和真实序列的相关系数也可以看出,相关系数不断增加。到了模型 5(图 6-9),可以看到,除了 2006 年第二季度渔汛和 2010 年第二季度渔汛以外,模型能够很好地拟合出秘鲁鱿资源量的变动趋势(相关系数 $R=0.86$,$P<0.01$)。可见该模型能够有效地对秘鲁鱿资源量进行预报。

表 6-4　秘鲁鱿资源量预报模型参数及检验

模型	基于累计方差贡献率大于80%得到主成分个数	a_1	a_2	a_3	a_4	b	F	P
模型 1	3	321190.1	671834	−315145	−	7735220	3.36	0.08
模型 2	4	344718.6	700522.3	−143958	−333801	7736329	3.05	0.08
模型 3	4	400201.1	712124.1	−105230	240637.2	7754649	3.59	0.05
模型 4	4	375757	−799659	117983.4	107725.8	7855567	4.58	0.02
模型 5	4	402695.2	−773280	−76468.2	720005.2	8035521	7.27	<0.01

模型 1:建模数据为 2006～2011 年的数据;
模型 2:建模数据为 2006～2012 年第一季度的数据;
模型 3:建模数据为 2006～2012 年的数据;
模型 4:建模数据为 2006～2013 年第一季度的数据;
模型 5:建模数据为 2006～2013 年第二季度的数据。

表 6-5　秘鲁鱿资源量预报模型预报效果

模型	2006年相对误差/%		2007年相对误差/%		2008年相对误差/%		2009年相对误差/%		2010年相对误差/%		2011年相对误差/%		2012年相对误差/%		2013年相对误差/%		验证数据	相关系数
	1	2	1	2	1	2	1	2	1	2	1	2	1	2	1	2		
模型1	15	16	10	18	15	28	10	43	12	43	1	16	–	–	–	–	10	0.75
模型2	12	16	2	8	17	14	13	39	4	48	1	17	16	–	–	–	26	0.78
模型3	8	21	5	9	19	9	14	35	2	50	2	18	11	19	–	–	13	0.80
模型4	3	24	5	11	18	16	4	35	3	54	2	18	4	12	7	–	14	0.80
模型5	3	20	8	2	11	7	15	27	2	50	1	14	16	6	9	9	1	0.86

模型 1：建模数据为 2006～2011 年的数据，验证数据为 2012 年第一季度的数据；
模型 2：建模数据为 2006～2012 年第一季度的数据，验证数据为 2012 年第二季度的数据；
模型 3：建模数据为 2006～2012 年的数据，验证数据为 2013 年第一季度的数据；
模型 4：建模数据为 2006～2013 年第一季度的数据，验证数据为 2013 年第二季度的数据；
模型 5：建模数据为 2006～2013 年第二季度的数据，验证数据为 2014 年第一季度的数据。

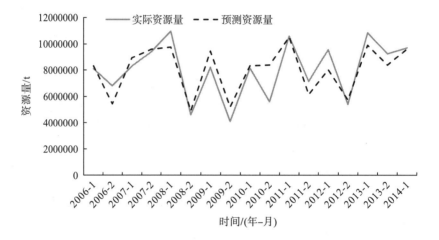

图 6-9　模型 5 预测资源量与实际资源量比较

　　在以往的中长期渔情预报中，研究者通常只考虑环境因子，即假设环境因子影响资源的补充、生长到死亡的全过程，对资源丰度或渔获量进行预报，并且将影响渔业资源变动的其他因子(补充、捕捞等)与环境因子结合进行预报的研究较少。其实这种方法往往只适用于鱿鱼类(一年生种类产卵后即死)这样的种类(曹杰等，2010)。本研究能够对秘鲁鱿资源量进行较好的预报，是因为对秘鲁鱿这样多年生的种类考虑了影响其资源变动的更多过程，即 Russell 提出的渔业资源数量变动模型中的各种因素，在这之中，除了需要考虑环境对资源变动的影响以外，还要考虑资源本身的生物学特性。

　　渔情预报包含了模型的构建、校正和评价三方面的内容。对于数据量较少的中长期预报模型，以往的研究常常在模型构建后就利用原始数据或者留出的几个数据对模型进行验证(王忠秋等，2015；汪金涛和陈新军，2013；谢斌等，2015)，模型的实用性其实大打折扣。这样的模型能够投入应用实际基于以下假设，即所建立的模型能够代表今后所有时间的动态变化。然而，海洋情况复杂，诸如全球气候变暖、生态系统周期性变化(肖启华和黄硕琳，2016)和海洋酸化(赵淑江等，2015；湛垚垚等，2013)等更大尺度的气候变化及人类活动(如过度捕捞)(Scheffer et al.，2005)同样会对渔业资源产生变化，而这些模型能否反映这些时期的动态变化还有待商榷。但是，在一个较短时间内资源驱动模式一般变动不会很大。基于此，本书提出了新的渔情预报模型校正办法，即在构建模型后不断根据新的样本对模型进行校正，这样只预报后一个时间点的资源量，预报精度也会越来越准确和可信，若是有一个时间点之后预报的效果突然变得不好，这也能够启示研究者需要考虑其他因素(如是否发生过度捕捞、大尺度的气候变化等)对资源的影响。

6.2.4 模型 5 的主成分分析结果

模型 5 的主成分分析考虑了 17 个渔汛季度的所有因子指标，最具有代表性。因此对各主成分载荷进行分析。结果表明(表 6-6)，第一主成分所占的方差贡献率最大，为 46%，其中代表环境的指标所占载荷(绝对值)最高，其中载荷(绝对值)最大的为资源调查前两个月的 Nino1+2 区的温度距平 $NinoAlag_2$，为 0.38，其次为前三个月的海域的温度距平 TA_3，为 0.37，除了 T_2 以外，其他环境指标的载荷(绝对值)均在 0.3 以上，可知，第一主成分代表了环境对秘鲁鳀生长和自然死亡的影响；第二主成分所占的方差贡献率排名其次，为 23%，其中，T_2 所占的载荷(绝对值)最高，为 0.47，但是当季渔汛的资源量 B_t 和捕捞量 $C_{\Delta t}$ 其次，分别为 0.45 和 0.44，其他因子所占的载荷(绝对值)较低，可知，第二主成分除了环境以外，还代表了前期资源量以及捕捞量对秘鲁鳀资源量的影响；第三主成分所占的方差贡献率较低，为 9%，其中当季渔汛和上季渔汛的幼鱼比例 $Juvlag_t$ 和 $Juvlag_{t-1}$ 的载荷(绝对值)最高，分别为 0.59 和 0.66，其他因子所占的载荷相对较低，可知，第三主成分代表了补充量对秘鲁鳀资源的影响；第四主成分所占的方差贡献率最低，为 7%，与第三主成分一样，当季渔汛和上季渔汛的幼鱼比例 $Juvlag_t$ 和 $Juvlag_{t-1}$ 的载荷(绝对值)最高，分别为 0.74 和 0.47，其他因子所占的载荷相对较低，可知，第四主成分代表了补充量对秘鲁鳀资源的影响。因此，依据主成分分析得到的各类因素对秘鲁鳀资源量的影响排序依次是环境、前期资源量、捕捞和补充量。

主成分分析的结果表明(表 6-6)，环境因素在第一和第二主成分中都占最大比例。这与以往的研究结果一致。秘鲁鳀是一种 r 型种类，同时也是一种机会主义者，环境对其有非常重要的影响(Bakun，2014；Bertrand et al.，2008a；Krautz et al.，2013)。它的资源会在较好的环境中快速恢复，这点也在补充因素(幼鱼比例)在第三和第四主成分中才占主导地位的结果相一致(表 6-6)。Bertrand 等(2004)对 20 世纪末期秘鲁鳀的资源变动做出了理论解释，1997~1998 年厄尔尼诺现象发生时秘鲁鳀资源量下降，但是 1998 年的后半年，秘鲁鳀的资源量迅速升高，其原因主要在于厄尔尼诺现象发生后，冷的沿岸水(cold coastal water，CCW)迅速地占据了秘鲁沿岸海域，1998 年下半年还发生了拉尼娜现象，同时还发现这段时期为秘鲁鱿产量的高峰期,冷水区域占据沿岸及有利的大环境,对秘鲁鱿的资源恢复有极大的作用。

表 6-6   17 个渔汛季度因子指标主成分分析结果

	第一主成分	第二主成分	第三主成分	第四主成分
B_t	0.04	0.45	0.27	0.10
$Juvlag_t$	0.06	0.07	-0.59	-0.74
$Juvlag_{t-1}$	-0.01	-0.20	0.66	-0.47
$NinoAlag_3$	-0.37	0.19	-0.05	-0.07
$NinoAlag_2$	-0.38	0.09	0.02	-0.05
$NinoAlag_1$	-0.29	-0.03	0.29	-0.39
T_3	-0.32	-0.31	-0.17	0.15
T_2	-0.19	-0.47	-0.01	0.11
T_1	-0.32	-0.34	-0.06	0.04
TA_3	-0.37	0.13	-0.15	0.11
TA_2	-0.36	0.19	0.06	0.02
TA_1	-0.34	0.18	0.01	-0.06
$C_{\Delta t}$	-0.10	0.44	0.00	0.07
标准差	2.44	1.71	1.11	0.95
方差贡献率	46%	23%	9%	7%
累计方差贡献率	46%	68%	78%	85%

同时,影响秘鲁鱿资源变动的其他因素不可忽视,在第二主成分中(表 6-6),当季渔汛的资源量和捕捞量同样占了很大载荷,这表示资源同样受剩余群体资源量大小及捕捞死亡的共同影响,捕捞因素所占的载荷较低(在第二主成分中排第三),并没有占到主导资源变动的地位,这表明近年来秘鲁政府对秘鲁鱿渔业管理较好,对秘鲁鱿的捕捞既能够充分地利用资源又能够维持资源持续利用。

6.3 小   结

本章构建了秘鲁鱿资源量预报模型,并对影响秘鲁鱿资源变动的生物和环境因素进行分析。在今后的研究中需要不断收集样本数据完善模型。已有的研究发现秘鲁鱿的资源变动模式在不同的生态系统周期中变动是不同的,如秘鲁鱿资源处于生态系统冷期内,那么暖期是否同样适用研究所描述的这个模型?是否会是其他因素占主导地位?其次,研究利用环境因子代表秘鲁鱿的生长和自然死亡,并没有考虑海域中物种的捕食与被捕食关系。是否可以加入其他秘鲁鱿捕食者的资源量或渔获量作为一个预报因子?这些问题都有待于进一步的探究。

参 考 文 献

曹杰，陈新军，刘必林，等.2010. 鱿鱼类资源量变化与海洋环境关系的研究进展[J]. 上海海洋大学学报，19(2)：232-239.

陈峰，陈新军，刘必林，等.2010. 西北太平洋柔鱼渔场与水温垂直结构关系[J]. 上海海洋大学学报，19(4)：495-504.

陈芃，陈新军.2016. 基于最大熵模型分析西南大西洋阿根廷滑柔鱼栖息地分布[J]. 水产学报，40(6)：893-902.

陈芃，汪金涛，陈新军.2016. 秘鲁鳀资源变动及与海洋环境要素的关系研究进展[J]. 海洋渔业，38(2)：206-216.

陈新军.2016. 渔情预报学[M]. 北京：海洋出版社.

陈新军.2004. 渔业资源与渔场学[M]. 北京：海洋出版社.

陈新军，田思泉.2005. 西北太平洋海域柔鱼的产量分布及作业渔场与表温的关系研究[J]. 中国海洋大学学报：自然科学版，
     35(1)：101-107.

陈新军，许柳雄.2004. 北太平洋150°E～165°E海域柔鱼渔场与表温及水温垂直结构的关系[J]. 海洋湖沼通报，(2)：36-44.

陈新军，高峰，官文江，等.2013. 渔情预报技术及模型研究进展[J]. 水产学报，37(8)：1270-1280.

陈新军，陆化杰，刘必林，等.2012. 利用栖息地指数预测西南大西洋阿根廷滑柔鱼渔场[J]. 上海海洋大学学报，21(3)：431-438.

方海，张衡，刘峰，等.2008. 气候变化对世界主要渔业资源波动影响的研究进展[J]. 海洋渔业，30(4)：363-370.

方学燕.2016. 基于地统计学的秘鲁外海茎柔鱼资源分布的初步研究[D]. 上海：上海海洋大学.

方舟，沈锦松，陈新军，等.2012. 阿根廷专属经济区内鱿钓渔场时空分布年间差异比较[J]. 海洋渔业，34(3)：295-300.

高峰，陈新军，官文江，等.2015. 基于提升回归树的东、黄海鲐鱼渔场预报[J]. 海洋学报，37(10)：39-48.

官文江，田思泉，王学昉，等.2014. CPUE标准化方法与模型选择的回顾与展望[J]. 中国水产科学，21(4)：852-862.

官文江，陈新军，高峰，等.2013. 东海南部海洋净初级生产力与鲐鱼资源量变动关系的研究[J]. 海洋学报(中文版)，35(5)：
     121-127.

官文江，陈新军，潘德炉.2007. 遥感在海洋渔业中的应用与研究进展[J]. 大连水产学院学报，22(1)：62-66.

官文江，何贤强，潘德炉，等.2005. 渤、黄、东海海洋初级生产力的遥感估算[J]. 水产学报，29(3)：367-372.

郭刚刚，张胜茂，樊伟，等.2016. 南太平洋长鳍金枪鱼垂直活动水层空间分析[J]. 南方水产科学，12(5)：123-130.

何发祥.1988. 闽南—台湾浅滩渔场的上升流演变及其与渔业的关系研究[J]. 海洋学报(中文版)，10(3)：346-354.

何青青.2015. 舟山近海海域夏季上升流时空特征及其与风场的关系[D]. 上海：上海海洋大学.

胡贯宇，陈新军，汪金涛.2015. 基于不同权重的栖息地指数模型预报阿根廷滑柔鱼中心渔场[J]. 海洋学报，37(8)：88-95.

贾俊平，何晓群，金勇进.2012. 统计学(第五版)[M]. 北京：中国人民大学出版社.

金岳，陈新军.2014. 利用栖息地指数模型预测秘鲁外海茎柔鱼热点区[J]. 渔业科学进展，35(3)：19-26.

李春喜，邵云，姜丽娜.2008. 生物统计学[M]. 北京：科学出版社.

李纲，陈新军.2009. 夏季东海渔场鲐鱼产量与海洋环境因子的关系[J]. 海洋学研究，27(1)：1-8.

李剑楠.2016. 2015年上半年鱼粉市场回顾及展望[J]. 饲料广角，16：20-23.

联合国粮食及农业组织. 2014. 联合国粮农组织渔业统计数据——1951—2014年全球捕捞产量[DB/OL]. http://www. fao.
     org/fishery/statistics/global-capture-production/query/zh，2014-01-01/2015-05-01.

刘子藩，徐汉祥，周永东.2004. 东海带鱼补充群体数量预报及冬汛渔获量预报的改进研究[J]. 浙江海洋学院学报(自然科学版)，

23（1）：14-18.

陆化杰，陈新军，方舟. 2013. 西南大西洋阿根廷滑柔鱼渔场时空变化及其与表温的关系[J]. 海洋渔业，35（4）：382-388.

彭淇，王斐，吴彬，等. 2014. 2 种罗非鱼加工下脚料产物替代秘鲁鱼粉养殖奥尼罗非鱼（Oreochromis niloticus×O. aureus）稚
　　鱼效果评价[J]. 海洋与湖沼，45（3）：602-607.

邵全琴，戎恺，马巍巍，等. 2004. 西北太平洋柔鱼中心渔场分布模式[J]. 地理研究，23（1）：1-9，137-138.

汤银财. 2008. R 语言与统计分析[M]. 北京：高等教育出版社.

汪金涛，陈新军. 2013. 中西太平洋鲣鱼渔场的重心变化及其预测模型建立[J]. 中国海洋大学学报（自然科学版），43（8）：44-48.

汪金涛，陈新军，高峰，等. 2014a. 基于环境因子的东南太平洋茎柔鱼资源补充量预报模型研究[J]. 海洋与湖沼，45（6）：
　　1185-1191.

汪金涛，陈新军，雷林，等. 2014b. 基于频度统计和神经网络的北太平洋柔鱼渔场预报模型比较[J]. 广东海洋大学学报，34（3）：
　　82-87.

王忠秋，汪金涛，陈新军. 2015. 南美沙丁鱼资源量影响因子的选择及预报模型比较[J]. 广东海洋大学学报，35（4）：75-80.

韦震. 2017. 鱼粉：秘鲁捕捞情况好转，国内外鱼粉价格弱势[J]. 当代水产，（1）：78.

韦震. 2016. 鱼粉：市场静待秘鲁配额公布，国内外鱼粉价格稳定观望[J]. 当代水产，11：72-73.

韦震. 2015. 鱼粉：上半年秘鲁鱼粉供应不足，饲料厂寻求鱼粉替代品[J]. 当代水产，2：68-69.

吴日升，李立. 2003. 南海上升流研究概述[J]. 台湾海峡，22（2）：269-277.

肖启华，黄硕琳. 2016. 气候变化对海洋渔业资源的影响[J]. 水产学报，40（7）：1089-1098.

小仓通男，竹内正一. 1990. 渔业情报学概论[M]. 东京：成山堂书店.

谢斌，汪金涛，陈新军，等. 2015. 西北太平洋秋刀鱼资源丰度预报模型构建比较[J]. 广东海洋大学学报，35（6）：58-63.

谢超，孙如宝. 2008. 优质鱿鱼鱼粉蒸煮工艺技术的优化研究[J]. 粮食与饲料工业，（10）：32-33.

徐冰，陈新军，李建华. 2012. 海洋水温对茎柔鱼资源补充量影响的初探[J]. 上海海洋大学学报，21（5）：878-883.

薛毅，陈立萍. 2007. 统计建模与 R 软件[M]. 北京：清华大学出版社.

杨琳. 2016. 2015 年鱼粉市场行情回顾及 2016 年展望[J]. 广东饲料，25（2）：20-23.

杨胜龙，张忭忭，靳少非，等. 2015. 中西太平洋延绳钓黄鳍金枪鱼渔场时空分布与温跃层关系[J]. 海洋学报，37（6）：78-87.

于杰，王新星，李永振，等. 2015. 南海中西部渔场上升流时空变化特征分析[J]. 海洋科学，39（6）：104-113.

余为. 2016. 西北太平洋柔鱼冬春生群对气候与环境变化的响应机制研究[D]. 上海：上海海洋大学.

余为，陈新军. 2015. 西北太平洋柔鱼栖息地环境因子分析及其对资源丰度的影响[J]. 生态学报，35（15）：5032-5039.

詹秉义. 1995. 渔业资源评估[M]. 北京：中国农业出版社.

湛垚垚，黄显雅，段立柱，等. 2013. 海洋酸化对近岸海洋生物的影响[J]. 大连大学学报，24（3）：79-84.

张磊. 2008. 鱼粉特性的研究[D]. 无锡：江南大学.

张炜，张健. 2008. 西南大西洋阿根廷滑柔鱼渔场与主要海洋环境因子关系探讨[J]. 上海水产大学学报，17（4）：471-475.

赵淑江，吕宝强，李汝伟，等. 2015. 物种灭绝背景下东海渔业资源衰退原因分析[J]. 中国科学：地球科学，45（11）：1628-1640.

Alheit J，Ñiquen M. 2004. Regime shifts in the Humboldt Current ecosystem[J]. Progress in Oceanography，60（2）：201-222.

Andrade H A，Garcia C A E. 1999. Skipjack tuna fishery in relation to sea surface temperature off the southern Brazilian coast[J].
　　Fisheries Oceanography，8（4）：245-254.

Arellano C E，Swartzman G. 2010. The Peruvian artisanal fishery：changes in patterns and distribution over time[J]. Fisheries
　　Research，101（3）：133-145.

Ayón P，Swartzman G，Bertrand A，et al. 2008. Zooplankton and forage fish species off Peru：large-scale bottom-up forcing and local-scale depletion[J]. Progress in Oceanography，79 (2)：208-214.

Bakun A. 2014. Active opportunist species as potential diagnostic markers for comparative tracking of complex marine ecosystem responses to global trends[J]. ICES Journal of Marine Science, 71 (8)：2281-2292.

Bakun A. 1987. Monthly variability in the ocean habitat off Peru as deduced from maritime observations，1953 to 1984[J]. The Peruvian anchoveta and its upwelling ecosystem three decades of change. ICLARM Studies and Reviews，15：46-74.

Bakun A，Broad K. 2003. Environmental 'loopholes' and fish population dynamics：comparative pattern recognition with focus on El Nino effects in the Pacific[J]. Fisheries Oceanography，12 (4-5)：458-473.

Bakun A，Weeks S J. 2008. The marine ecosystem off Peru：What are the secrets of its fishery productivity and what might its future hold? [J]. Progress in Oceanography，79 (2)：290-299.

Bakun A，Black B A，Bograd S J，et al. 2015. Anticipated effects of climate change on coastal upwelling ecosystems[J]. Current Climate Change Reports，1 (2)：85-93.

Ballón M，Bertrand A，Lebourges-Dhaussy A，et al. 2011. Is there enough zooplankton to feed forage fish populations off Peru? An acoustic (positive) answer[J]. Progress in Oceanography，91 (4)：360-381.

Barange M，Coetzee J，Takasuka A，et al. 2009. Habitat expansion and contraction in anchovy and sardine populations[J]. Progress in Oceanography，83 (1)：251-260.

Bertrand A，Chaigneau A，Peraltilia S，et al. 2011. Oxygen：a fundamental property regulating pelagic ecosystem structure in the coastal southeastern tropical Pacific [J]. PLoS one，6 (12)：e29558.

Bertrand A，Ballón M，Chaigneau A. 2010. Acoustic observation of living organisms reveals the upper limit of the oxygen minimum zone[J]. PLoS One，5 (4)：e10330.

Bertrand S，Dewitte B，Tam J，et al. 2008a. Impacts of Kelvin wave forcing in the Peru Humboldt Current system：scenarios of spatial reorganizations from physics to fishers[J]. Progress in Oceanography，79 (2)：278-289.

Bertrand A，Gerlotto F，Bertrand S，et al. 2008b. Schooling behaviour and environmental forcing in relation to anchoveta distribution：an analysis across multiple spatial scales[J]. Progress in Oceanography，79 (2)：264-277.

Bertrand A，Segura M，Gutiérrez M，et al. 2004. From small - scale habitat loopholes to decadal cycles：a habitat - based hypothesis explaining fluctuation in pelagic fish populations off Peru[J]. Fish and fisheries，5 (4)：296-316.

Bertrand A，Josse E，Bach P，et al. 2002. Hydrological and trophic characteristics of tuna habitat：consequences on tuna distribution and longline catchability[J]. Canadian Journal of Fisheries and Aquatic Sciences，59 (6)：1002-1013.

Brochier T，LETT C，Tam J，et al. 2008. An individual-based model study of anchovy early life history in the northern Humboldt Current system[J]. Progress in Oceanography，79 (2)：313-325.

Brown M B，Forsythe A B. 1974. Robust tests for the equality of variances[J]. Journal of the American Statistical Association，69 (346)：364-367.

Cahuin S M，Cubillos L A，Escribano R. 2015. Synchronous patterns of fluctuations in two stocks of anchovy *Engraulis ringens* Jenyns，1842 in the Humboldt Current System[J]. Journal of Applied Ichthyology，31 (1)：45-50.

Cahuin S M，Cubillos L A，Ñiquen M，et al. 2009. Climatic regimes and the recruitment rate of anchoveta，*Engraulis ringens*，off Peru[J]. Estuarine，Coastal and Shelf Science，84 (4)：591-597.

Canales T M，Law R，Wiff R，et al. 2015. Changes in the size-structure of a multispecies pelagic fishery off Northern Chile[J].

Fisheries Research, 161 (1): 261-268.

Castro L R, Claramunt G, Krautz M C, et al. 2009. Egg trait variation in anchoveta *Engraulis ringens*: a maternal response to changing environmental conditions in contrasting spawning habitats[J]. Marine Ecology Progress Series, 381: 237-248.

Chaigneau A, Gizolme A, Grados C. 2008. Mesoscale eddies off Peru in altimeter records: Identification algorithms and eddy spatio-temporal patterns[J]. Progress in Oceanography, 79(2): 106-119.

Chavez F P, Messiém. 2009. A comparison of eastern boundary upwelling ecosystems[J]. Progress in Oceanography, 83(1): 80-96.

Chavez F P, Bertrand A, Guevara-Carrasco R, et al. 2008. The northern Humboldt Current System: Brief history, present status and a view towards the future[J]. Progress in Oceanography, 79(2): 95-105.

Chavez F P, Ryan J, Lluch-Cota S E, et al. 2003. From anchovies to sardines and back: multidecadal change in the Pacific Ocean[J]. Science, 299(5604): 217-221.

Checkley Jr D M, Asch R G, Rykaczewski R R. 2017. Climate, Anchovy, and Sardine[J]. Annual Review of Marine Science, 9: 469-493.

Chelton D B, Deszoeke R A, Schlax M G, et al. 1998. Geographical variability of the first baroclinic Rossby radius of deformation[J]. Journal of Physical Oceanography, 28(3): 433-460.

Chen X J, Tian S Q, Chen Y, et al. 2010. A modeling approach to identify optimal habitat and suitable fishing grounds for neon flying squid (*Ommastrephes bartramii*) in the Northwest Pacific Ocean[J]. Fishery Bulletin, 108(1): 1-14.

Chen X J, Tian S Q, Chen Y, et al. 2009. Evaluating habitat suitability indices derived from CPUE and fishing effort data for *Ommatrephes bratramii* in the northwestern Pacific Ocean[J]. Fisheries Research, 95(2): 181-188.

Chen X J, Zhao X H, Chen Y. 2007. Influence of El Niño/La Niña on the western winter–spring cohort of neon flying squid (*Ommastrephes bartramii*) in the northwestern Pacific Ocean[J]. ICES Journal of Marine Science: Journal du Conseil, 64(6): 1152-1160.

Claramunt G, Cubillos L A, Castro L, et al. 2014. Variation in the spawning periods of *Engraulis ringens* and *Strangomera bentincki* off the coasts of Chile: a quantitative analysis[J]. Fisheries Research, 160(12): 96-102.

Claramunt G, Castro L R, Cubillos L A, et al. 2012. Inter-annual reproductive trait variation and spawning habitat preferences of *Engraulis ringens* off northern Chile[J]. Revista de biología marina y oceanografía, 47(2): 227-243.

Collie J S, Richardson K, Steele J H. 2004. Regime shifts: can ecological theory illuminate the mechanisms?[J]. Progress in Oceanography, 60(2): 281-302.

Conover W J. 2006. 实用非参数统计(第三版)[M]. 崔恒建, 译. 北京: 人民邮电出版社.

Cubillos L A, Bucarey D A, Canales M. 2002. Monthly abundance estimation for common sardine *Strangomera bentincki* and anchovy *Engraulis ringens* in the central-southern area off Chile (34–40°S)[J]. Fisheries Research, 57(2): 117-130.

Cubillos L, Arcos D, Bucarey D, et al. 2001. Seasonal growth of small pelagicfish off Talcahuano, Chile (37°S, 73°W): a consequence of their reproductive strategy to seasonal upwelling?[J]. Aquatic Living Resources, 2(14): 115-124.

Cury P, Roy C. 1989. Optimal environmental window and pelagic fish recruitment success in upwelling areas[J]. Canadian Journal of Fisheries and Aquatic Sciences, 46(4): 670-680.

Espinoza P, Bertrand A. 2008. Revisiting Peruvian anchovy (*Engraulis ringens*) trophodynamics provides a new vision of the Humboldt Current system[J]. Progress in Oceanography, 79(2-4): 215-227.

Fiedler P C. 2002. Environmental change in the eastern tropical Pacific Ocean: review of ENSO and decadal variability[J]. Marine

Ecology Progress Series，244：265-283.

Fréon P，Bouchon M，Mullon C，et al. 2008. Interdecadal variability of anchoveta abundance and overcapacity of the fishery in Peru[J]. Progress in Oceanography，79(2)：401-412.

Gibson R N，Atkinson R J A. 2003. Oxygen minimum zone benthos：adaptation and community response to hypoxia[J]. Oceanography and Marine Biology：An Annual Review，41：1-45.

González H E，Sobarzo M，Figueroa D，et al. 2000. Composition，biomass and potential grazing impact of the crustacean and pelagic tunicates in the northern Humboldt Current area off Chile：differences between El Niño and non-El Niño years[J]. Marine Ecology Progress Series，195：201-220.

Guiñez M，Valdés J，Sifeddine A，et al. 2014. Anchovy population and ocean-climatic fluctuations in the Humboldt Current System during the last 700 years and their implications[J]. Palaeogeography，Palaeoclimatology，Palaeoecology，415(22)：210-224.

Guisan A，Edwards T C，Hastie T. 2002. Generalized linear and generalized additive models in studies of species distributions：setting the scene[J]. Ecological modelling，157(2)：89-100.

Gutiérrez-Estrada J C，Silva C，Yáñez E，et al. 2007. Monthly catch forecasting of anchovy *Engraulis ringens* in the north area of Chile：non-linear univariate approach[J]. Fisheries Research，86(2)：188-200.

Gutiérrez M，Swartzman G，Bertrand A，et al. 2007. Anchovy (*Engraulis ringens*) and sardine (*Sardinops sagax*) spatial dynamics and aggregation patterns in the Humboldt Current ecosystem，Peru，from 1983–2003[J]. Fisheries Oceanography，16(2)：155-168.

Halpern D. 2002. Offshore Ekman transport and Ekman pumping off Peru during the 1997–1998 El Niño[J]. Geophysical research letters，29(5)：191-194.

Hormázabal S，Shaffer G，Leth O. 2004. Coastal transition zone off Chile[J]. Journal of Geophysical Research，109(C1)：C01021.

IMARPE. 2015a. Informe complementario sobre la situación del stock norte - centro de la anchoveta peruana a noviembre del[EB/OL]. http://www. imarpe. pe/imarpe/archivos/informes/InfCompSituacionStockN-CAnchovPeruNov2015. pdf.

IMARPE. 2015b. Situación actual del stock Norte-Centro de la anchoveta peruana. Estado actual y recomendaciones de manejo para la primera temporada de pesca [EB/OL]. http://www. imarpe. pe/imarpe/archivos/informes/imarpe_public_evalanch_temp1_2015. pdf.

Konchina Y V. 1991. Trophic status of the Peruvian anchovy and sardine[J]. Journal of Ichthyology，31(4)：59-72.

Krautz M C，Castro L R，González M，et al. 2013. Concentration of ascorbic acid and antioxidant response in early life stages of *Engraulis ringens* and zooplankton during the spawning seasons of 2006–2009 off central Chile[J]. Marine biology，160(5)：1177-1188.

Landaeta M F，Muñoz M J O，Bustos C A. 2014. Feeding success and selectivity of larval anchoveta *Engraulis ringens* in a fjord-type inlet from northern Patagonia (Southeast Pacific)[J]. Revista de biología marina y oceanografía，49(3)：461-475.

Leal E M，Castro L R，Claramunt G. 2009. Variability in oocyte size and batch fecundity in anchoveta (*Engraulis ringens*，Jenyns 1842) from two spawning areas off the Chilean coast[J]. Scientia Marina，73(1)：59-66.

Leonardo R C，Custavo R S，Eduardo H H. 2000. Environmental influences on winter spawning of the anchoveta *Engraulis ringens* off central Chile[J]. Marine Ecology Progress Series，197(6)：247-258.

Llanos-Rivera A，Castro L R. 2006. Inter-population differences in temperature effects on *Engraulis ringens* yolk-sac larvae[J]. Marine ecology progress series，312(7)：245-253.

Martin A. 2009. Developments on fisheries management in Peru: The new individual vessel quota system for the anchoveta fishery[J]. Fisheries Research, 96(2): 308-312.

Maunder M N, Punt A E. 2004. Standardizing catch and effort data: a review of recent approaches[J]. Fisheries Research, 70(2): 141-159.

Messiém, Ledesma J, Kolber D D, et al. 2009. Potential new production estimates in four eastern boundary upwelling ecosystems[J]. Progress in Oceanography, 83(1): 151-158.

Montecino V, Lange C B. 2009. The Humboldt Current System: Ecosystem components and processes, fisheries, and sediment studies[J]. Progress in Oceanography, 83(1): 65-79.

Montecino V, Quiroz D. 2000. Specific primary production and phytoplankton cell size structure in an upwelling area off the coast of Chile (30°S)[J]. Aquatic Sciences, 62(4): 364-380.

Morales C E, Braun M, Reyes H, et al. 1996. Anchovy larval distribution in the coastal zone off northern Chile: the effect of low dissolved oxygen concentrations and of a cold-warm sequence (1990-95)[J]. Invest. Mar., Valparaíso, 24: 77-96.

Mori J, Buitrón B, Perea A, et al. 2011. Interannual variability of the reproductive strategy of the Peruvian anchovy off northern-central Peru Variabilidad interanual en la estrategiare productiva de la anchoveta peruana en la regiónnorte-centro del litoral del Perú[J]. Ciencias Marinas, 37(4B): 513-525.

Muck P, Rojas de Mendiola B, Antonietti E. 1989. Comparative studies on feeding in larval anchoveta (*Engraulis ringens*) and sardine (*Sardinops sagax*)[C]//The Peruvian upwelling ecosystem: dynamics and interactions. ICLARM Conference Proceedings. 18: 86-96.

Muck P, Pauly D. 1987. Monthly anchoveta consumption of guano birds, 1953 to 1982[J]. The Peruvian anchoveta and its upwelling ecosystem: three decades of change, 15: 219-233.

Muck P, Sanchez G. 1987. The importance of mackerel and horse mackerel predation for the Peruvian anchoveta stock (a population and feeding model)[A]. In: Pauly D, Tsukayama I ed. The Peruvian anchoveta and its upwelling ecosystem: Three decades of change[C]. Callao: Instituto del Mar del Perú: 276-293.

Ñiquen M, Bouchon M. 2004. Impact of El Niño events on pelagic fisheries in Peruvian waters[J]. Deep sea research part II: topical studies in Oceanography, 51(6): 563-574.

Oliveros-Ramos R, Peña C. 2011. Modeling and analysis of the recruitment of Peruvian anchovy (*Engraulis ringens*) between 1961 and 2009 [J]. Ciencias Marinas, 37(4B): 659-674.

Parada C, Colas F, Soto-Mendoza S, et al. 2012. Effects of seasonal variability in across-and alongshore transport of anchoveta (*Engraulis ringens*) larvae on model-based pre-recruitment indices off central Chile[J]. Progress in Oceanography, 92(5): 192-205.

Parrish R H, Nelson C S, Bakun A. 1981. Transport mechanisms and reproductive success of fishes in the California Current[J]. Biological Oceanography, 1(2): 175-203.

Pauly D. 1987. The Peruvian anchoveta and its upwelling ecosystem: three decades of change[R]. Manila.

Peterman R M, Bradford M J. 1987. Wind speed and mortality rate of a marine fish, the northern anchovy (*Engraulis mordax*)[J]. Science, 235: 354-357.

Philander S G. 1999. A review of tropical ocean–atmosphere interactions[J]. Tellus A: Dynamic Meteorology and Oceanography, 51(1): 71-90.

Pickett M H, Schwing F B. 2006. Evaluating upwelling estimates off the west coasts of North and South America[J]. Fisheries Oceanography, 15(3): 256-269.

Rojas P M, Landeaeta M F, Ulloa R. 2011. Eggs and larvae of anchoveta *Engraulis ringens* off northern Chile during the 1997-1998 El Niño event[J]. Revista de Biología Marina y Oceanografía, 46(3): 405-419.

Rykaczewski R R, Checkley D M. 2008. Influence of ocean winds on the pelagic ecosystem in upwelling regions[J]. Proceedings of the National Academy of Sciences, 105(6): 1965-1970.

Sandweiss D H, Maasch K A, Chai F, et al. 2004. Geoarchaeological evidence for multidecadal natural climatic variability and ancient Peruvian fisheries[J]. Quaternary Research, 61(3): 330-334.

Scheffer M, Carpenter S, de Young B. 2005. Cascading effects of overfishing marine systems[J]. Trends in Ecology & Evolution, 20(11): 579-581.

Silva C, Andrade I, Yáñez E, et al. 2016. Predicting habitat suitability and geographic distribution of anchovy (*Engraulis ringens*) due to climate change in the coastal areas off Chile[J]. Progress in Oceanography, 146: 159-174.

Singh A A, Sakuramoto K, Suzuki N. 2014. Model for stock-recruitment dynamics of the Peruvian anchoveta (*Engraulis ringens*) off Peru[J]. Agricultural Sciences, 5(2): 140-151.

Soto-Mendoza S, Parada C, Castro L, et al. 2012. Modeling transport and survival of anchoveta eggs and yolk–sac larvae in the coastal zone off central-southern Chile: Assessing spatial and temporal spawning parameters[J]. Progress in Oceanography, 92(5): 178-191.

Swartzman G, Bertrand A, Gutiérrez M, et al. 2008. The relationship of anchovy and sardine to water masses in the Peruvian Humboldt Current System from 1983 to 2005 [J]. Progress in Oceanography, 79(2): 228-237.

Tam J, Taylor M H, Blaskovic V, et al. 2008. Trophic modeling of the Northern Humboldt current ecosystem, Part I: comparing trophic linkages under La Niña and El Niño conditions[J]. Progress in Oceanography, 79(2): 352-365.

Tarifeño E, Carmona M, Llanos-rivera A, et al. 2008. Temperature effects on the anchoveta *Engraulis ringens* egg development: do latitudinal differences occur?[J]. Environmental Biology of Fishes, 81(4): 387-395.

Xu Y, Chai F, Rose K A, et al. 2013. Environmental influences on the interannual variation and spatial distribution of Peruvian anchovy (*Engraulis ringens*) population dynamics from 1991 to 2007: A three-dimensional modeling study[J]. Ecological Modelling, 264(16): 64-82 .

Yáñez E, Barbieri M A, Silva C, et al. 2001. Climate variability and pelagic fisheries in northern Chile[J]. Progress in Oceanography, 49(1): 581-596.

Yáñez E, Plaza F, Gutiérrez-Estrada J C, et al. 2010. Anchovy (*Engraulis ringens*) and sardine (*Sardinops sagax*) abundance forecast off northern Chile: a multivariate ecosystemic neural network approach[J]. Progress in Oceanography, 87(1): 242-250.